互联网时代高职数学教学实践探索

牛立尚 著

北京工业大学出版社

图书在版编目（CIP）数据

互联网时代高职数学教学实践探索 / 牛立尚著．——
北京：北京工业大学出版社，2021.11（2022.10 重印）

ISBN 978-7-5639-8170-0

Ⅰ．①互… Ⅱ．①牛… Ⅲ．①高等数学－教学研究－
高等职业教育 Ⅳ．① O13

中国版本图书馆 CIP 数据核字（2021）第 228482 号

互联网时代高职数学教学实践探索
HULIANWANG SHIDAI GAOZHI SHUXUE JIAOXUE SHIJIAN TANSUO

著　　者：牛立尚

责任编辑：张　娇

封面设计：知更壹点

出版发行：北京工业大学出版社

　　　　　（北京市朝阳区平乐园 100 号　邮编：100124）

　　　　　010-67391722（传真）　bgdcbs@sina.com

经销单位：全国各地新华书店

承印单位：三河市元兴印务有限公司

开　　本：710 毫米 ×1000 毫米　1/16

印　　张：11

字　　数：220 千字

版　　次：2021 年 11 月第 1 版

印　　次：2022 年 10 月第 2 次印刷

标准书号：ISBN 978-7-5639-8170-0

定　　价：60.00 元

作者简介

牛立尚，女，1982年1月出生，河北省辛集市人，毕业于吉林大学，硕士研究生学历，现任抚顺职业技术学院讲师。研究方向：应用数学及高职数学教育。主持并完成辽宁省教育厅科研项目一项，并作为主要参与者完成辽宁省现代远程教育学会科研项目一项；主持校内课题若干项。主持编写校本教材五部，发表EI会议及国家级、省级论文十余篇。

前　　言

随着互联网和信息技术的高速发展，各高职院校都在不断探索"互联网+"背景下如何依托教育信息技术，通过线上和线下混合教学模式来达到更好的教学效果。所以，在互联网时代，高职院校的数学教学必须建立起一种新型的教学模式，以激发学生的学习欲望，提高课堂的教学效果，从而真正达到教学目标。本书论述了互联网技术在高职数学教学中的应用，对互联网背景下高职数学教学中存在的问题进行了简要分析，并对高职数学教学改革提出了一些有针对性的改进措施，旨在为高职数学教学实践探索提供有益参考。

本书共五章。第一章主要从宏观角度概述了高职数学的概念、学习特点及高职数学教学的任务、功能以及现状和改革趋势。第二章主要分析了互联网对高职数学教学的影响，在阐述互联网的形成与发展历程的基础上，阐释了互联网时代高职数学教师队伍建设和数学人才培养的新变化。第三章主要围绕互联网时代高职数学教学的创新发展，分析了大数据支持下、融入数学建模、"工学结合"模式下以及人工智能背景下的高职数学教学。第四章主要阐述的是互联网时代高职数学教学改革的现状及意义，分析了互联网时代高职数学常规教学改革方向。第五章主要阐述了"互联网+"环境下高职数学教学改革路径，分析了运用 MATLAB 软件改革高职数学教学、运用超星学习通改革高职数学教学、通过数学建模培养学生综合素养等内容。

本书对互联网时代高职数学教学的理论与实践问题进行了系统研究，这对新时期高职院校数学教学改革具有促进作用。本书可以作为高职院校的数学教学参考资料。作者在撰写本书的过程中得到了许多同行和专家的帮助和指导，也参考了大量的学术文献，在此表示真诚的感谢。本书内容全面，论述条理清晰、深入浅出，但由于写作水平有限，书中难免会有不足之处，希望广大读者批评指正。

目　录

第一章　高职数学教学概述

近年来，随着国家对职业教育的日益重视，高职教育逐渐占据了我国高等教育的重要位置。高等数学作为高等职业院校理工科类的一门重要公共基础课程，为学生后续的专业课学习奠定了基础，同时在培养学生综合素质和能力方面起到了巨大的推动作用。高职数学教学的质量直接影响高职院校人才的培养，因此，有效提高高职数学的教学质量，将数学知识应用到为专业课程服务上，培养"知用结合，以用为主"的应用型人才，已成为当前高职教育的一项重要任务。高职数学的有效教学也越来越受到学校和教师们的重视。本章主要从宏观角度概述高职数学的概念、教学内容、主要任务和功能、学习特点、发展现状以及改革趋势。

第一节　高职数学的概念及学习特点

一、高职教育

"高职"是"高等职业教育"（即高职教育）的简称，是高等教育的重要组成部分。高职教育的目标是培养具备某一特定职业或职业群所需的综合职业能力的、为生产和管理第一线服务的应用型、技术型人才。

高职教育这一概念具有中国特色。追踪溯源，20世纪80年代初兴起的短期职业大学，是高等教育以及职业教育二者的复合，它是在中国特定环境下产生的，属于具有特色的教育。与一般本科教育有区别，高职教育是高级阶段的职业教育。

高职教育包含四个方面的核心内涵：教育对象、培养目标、学习年限、授予学历。高职教育的教育对象以高中学生、职高学生、中职毕业生为主。在这四方面的核心内涵中，关键的应是培养目标。某一类型教育的培养目标必须与社会人才结构体系中的某一系列和层次的人才相对应，也就是说，应该与某一特定的区域相对应，不能与若干间断的、不连续的区域相对应。否则，不仅不符合国际教育标准分类，而且难以明确地表述高职教育的地位和作用，最终必然导致对高职教育概念理解的混乱。由此可见，要想严格界定高职教育的概念，除了必须采用一种较为公认的来自教育内容的分类标准外，还必须采用一种较为公认的来自教育外部的人才结构及分类理论，以与高职教育的培养目标相对应。高职教育学制一般为全日制三年。高职教育授予学历一般为专科学历。

二、高职数学的概念

数学是研究数量、结构、变化、空间以及信息等概念的一门学科，从某种角度看属于形式科学的一种。在人类历史发展和社会生活中，数学发挥着不可替代的作用，同时数学也是学习和研究现代科学技术必不可少的基本工具。数学，源自古希腊语的"μσθημα"，有学习、学问、科学之意。古希腊学者视其为哲学之起点、学问的基础。另外，数学还有个较狭隘且技术性的意义——"数学研究"。

对于高职数学来说，结合高职教育特点，制定适合的数学教学目标，完成当前高职数学教学改革的目标任务是关键。高职数学的特征包括：具有工具性，为专业课提供保障；具有公共基础性，为提高学生的职业能力、职业素养服务；具有文化基础性，为实现学生全面的、可持续发展的、不可或缺的素质教育打基础。高职数学培养学生观察问题、解决问题的能力，注重数学思想、数学方法的应用，提高学生的数学素养。

本书中高职数学特指作为高职院校公共基础之一的高等数学，高等数学是每位高职学生都应该掌握的一门学科，无论学生是学习文科还是学习理科。因为数学是一门古老的、重要的自然学科。建立在初等数学基础之上的高等数学，结构严谨，对于学生的逻辑思维能力、运算能力都有较高的要求，是高职学生必备的基础学科。学好数学，可为其他学科的学习打下坚实的基础。高职数学是解决其他相关问题的良好工具，具有为学生终身学习、专业学习进行服务的功能。高职数学的教学内容包括极限、微积分、空间解析几何与向量代数、级数、常微分方程等。

三、高职数学学习的特点

高职学生的数学学习，除了具备一般的数学学习特点外，还具有以下三个特性。

（一）学习结构专业性和职业性突出

高职教育是为了培养专门的一线高级职业技术人才。因此，高职数学课程淡化了烦琐的理论推导、证明，突出了与专业知识的联系和对学生专业技能的培养，更加重视数学知识在各专业上的具体应用。高职数学学习活动和训练意在为学生未来的职业生涯和终身学习打下良好的基础。

（二）学习内容应用性和实践性显著

高职院校毕业生属于高级应用型人才，注重在实践中的学以致用。因而高职学生在校学习期间，既要学习和掌握数学基础知识、基本方法，进行一系列练习和训练，还要学习和掌握与专业知识、操作技能密切相关的数学理论和建模思想，能够应用所学的数学知识，以数学为工具，解决生活和专业实践中遇到的一系列问题。

（三）学习方法多样性和选择性结合

与过去的应试教育相比，高职院校的数学教学模式和数学学习方法灵活、多样、自主、广泛。高职学生的数学学习不仅靠课堂上教师的讲授，还可以通过数学实验、课外实践和自学等途径来完成。学生在多样化的学习活动中，有更大的选择权和主动权。

第二节　高职数学教学的任务及功能

一、高职数学教学的任务

高职数学教学属于文化基础教学任务，教育部明确提出高职理论课"以应用为目的，以必需、够用为度"，高职数学的首要任务是为专业课程提供必要的数学基础。另外，高职教育是以培养高级技术技能型人才为目标的。因而，综合看来，高职数学教学的主要任务有三个。一是使学生在高中数学知识基础上进一步学习和掌握本课程的基础知识，提高基本的数学能力，增强数学素养。二是要为学生学习专业课程提供必需和够用的工具，使他们具有学习专业知识的基础和能力，提高他们运用数学知识解决实际问题的能力，从某种意义上说，高职学生学习数学应把数学的工具性放到第一位。三是现代社会中各项技术是高速发展和不断创新的，职业岗位也在不断演变，所以高职数学教学的目标不能单纯针对职业岗位培养学生的自学能力，还应使学生具备接受未来延伸教育的基础，即高职数学教学应具有一定的前瞻性，为学生的"终身学习"做准备。

二、高职数学教学的功能

作者认为，高职数学教学的功能应包括：工具应用性、能力培养性、素质教育性等方面。

（一）工具应用性功能

高职数学教学的工具应用性功能主要从以下两个方面来理解。

第一，高职教育的核心特点是应用性，所以高职数学教学应该是"以应用为目的"的。高职教育的培养目标是高素质技能型人才，所以高职教育的核心特点是应用性。学习高职数学要符合高职教育的职业性要求，其主要目的是在今后的生产、建设、管理和服务第一线中应用数学的结论、数学的方法、数学的思想，以及应用数学的语言、数学的思维、数学的观念、数学的精神来认识问题和解决问题。

目前高职数学课一般都安排在大学一年级学习，虽然其内容和纯数学基本相同，但在高职数学教学中需要解决的是工程与实践中的现实问题，是应用性问题，而不再是纯数学理论。例如，同样是讲"函数"，高职数学教学中更应强调如何建立现实问题中变量之间的关系，即函数知识的数学建模，而不再是纯粹强调定义域和对应法则等问题。所以，高职数学不是简单的应用数学，而是要求学生通过对基本的数学概念、数学结论产生的实际背景的了解和掌握，实现数学应用。

第二，高职数学要为后续的专业课程学习服务。在人类各门知识学科的科学研究中，在工业、农业、教育、国防等领域的各种活动中，数学的应用可以说是无处不在。马克思曾说过："一门科学只有成功地运用数学时，才算达到了完善的地步。"在高职院校的大部分专业课中，需要大量地运用数学知识和数学思想，所以学好数学往往是学好专业课的基础。

（二）能力培养性功能

高职学生学习数学的过程也是培养数学能力的过程。高职数学教学一个重要的功能就是培养学生各方面的能力，尤其是要为学生的职业发展培养数学能力。教育部《高职高专教育高等数学课程教学基本要求》中把培养学生的"基本运算能力、计算工具使用能力、数形结合能力、数学逻辑思维能力和实际应用能力"作为高职数学的两大任务之一，足以显示出高职数学教学在培养学生能力上的重要性。

（三）素质教育性功能

高职数学教学还有陶冶学生情操、激发学生数学美感、培养学生数学理性精神、提高学生综合素质的功能。确立科学合理的高职数学理念，是获得好的教学效果、培养合格人才的前提。对于高职教育而言，数学教育远不仅是学习一种专业的工具，它还涉及人的理性思维品格和审美意识的培育，涉及潜在能动性与创造力的开发，这种"无形之手"的特殊作用是一般的专业技术教育难以相比的。高职数学教学的素质教育性功能主要体现在以下几个方面。

1. 培养学生的科学素质

数学具有推理严密和结论明确的特点，这一特点使得一个个数学结论不可动摇。实施数学教育与训练，可以培养学生的推理意识，使其形成崇尚真理、实事求是的科学态度和逻辑化、条理化的思想品质，养成言之有据的良好习惯。数学的公理化方法、结构化方法、数学模型方法等，可以培养学生思维的条理性、整体性、创造性和深刻性。日本数学教育家米山国藏曾说："我从事了多年的数学教育，发现学生在学校里接受的数学知识，毕业后进入社会因没有机会应用而很快忘掉了。然而，不管他们从事什么工作，唯有深深铭刻于头脑中的数学精神、数学思维方法、数学研究方法、数学推理方法和看问题的着眼点，都随时随地发生作用，使他们受益终生。"

2. 美育功能

数学有着无与伦比的美学情趣，许多数学对象都表现出简单性、对称性、和谐性、普遍性与奇异性等美的形式，从而构成数学美。数学美是一种理性美，不同于艺术美，数学美是通过抽象和深思给予人们理性的满足和神往。数学美不仅具有欣赏价值，还有方法论的价值。高职数学教学有助于培养学生对数学美的鉴赏力和创造力。学生通过规范整洁地书写作业，认真准确地作图，严谨科学地推理论证，准确地阐述自己的数学观点和方法等，形成学数学、用数学的意识，从而获得数学美的感受。

3. 德育功能

高职数学教学的德育功能相对于其他学科来讲是隐性的和潜在的。首先，数学本身充满着唯物辩证法，有助于培养学生科学的世界观和方法论。在数学的发生与发展过程中，概念的形成与演变，重要思想方法的确立与发展，重大理论的创立与变革等，无不体现着发展、运动与变化的唯物辩证法思想。其次，数学有助于培养学生的理性精神。诚实、求是，是数学理性精神的本质特征。数学语言的精确性使得数学中的结论不会模棱两可，数学中不存在伪科学，不允许有任何弄虚作假的行为存在。数学不迷信权威，不屈服于权贵，数学让人坚持原则、忠于真理。因此，高职数学教学可以培养学生的自尊、自信、自爱，培养学生独立的人格。数学的思维方式教育学生理智地思考问题，三思而后行。

（四）与专业相融合功能

高职数学的教学改革强调针对性和实用性。以往教学中教师起主导作用，守旧的思维方式和极弱的专业知识的结合，导致高职数学教师只重视理论，在不同专业的高职数学的教学中针对性、实用性差。因此，高职数学教师要走出本学科的圈子，到实践中了解专业、熟悉专业，同时结合学校相关部门对高职教师的专业培训，真正形成符合现代高职数学教学理念的特色教师队伍。高职数学教材建设中增加了预备模块、基础模块和扩展模块，其中预备模块和基础模块在教学中以掌握概念、强化应用、培养技能为重点，兼顾了不同专业后续课程教学对数学知识的要求，也是对后续教学和学生可持续性发展的一个恰到好处的基础支撑。基本职业技能需要体现在实际生活中，因此需要增加实际生活中应用的内容，以体现高职数学的实用性。

例如，相关资料介绍，火力发电厂的冷却塔为什么要做成弯曲的，而不做成像烟囱一样直上直下的？其中的原因就是冷却塔体积大、自重非常大，如果直上直下，那么最下面的建筑材料将承受巨大的压力，以至于承受不了。现在，把冷却塔的边缘做成双曲线的形状，正好能够让每一截面承受的压力相等，这样，冷却塔就能做得很大了。进一步来说，其边缘为什么会是双曲线形状？事实上用微积分理论 5 分钟就能够解决这个问题。如果将这样的问题纳入高职数学相关课程作为例题讲解，无疑会对学生知识的学习产生很好的效果，让学生看到数学的巨大作用，相信学习数学是必要的。

又如，Windows 系统自带了一个计算器，可以进行一些简单的计算，如算对数。计算机是基于加法计算的，我们常说的多少亿次实际上就是指加法运算。那么，怎么把对数运算转换为加法运算呢？实际上就是运用了微积分的级数理论，可以把对数运算转换为一系列乘法和加法运算。

这两个例子涉及的数学知识并不多，但是已经显示出高职数学中微积分的重要作用。类似的例子反映在不同专业领域中，如果细心收集，会成为高职数学课程很好的辅助材料。

（五）提升职业技术人才科学素养的功能

职业技术人才的科学素养包括哪些方面？数学能力和素养占综合能力的比重多大？这些一直是没有讨论清楚的问题。职业教育侧重培养职业技能，但是高职教育不是仅培养技术熟练的职业能手，企业产品的创新和开发、科学技术的进步和发展也是其必须承担的任务。为了这些目标，数学课程需要设置哪些内容，是高职院校进行课程改革时需认真思索的。

新教学大纲中的扩展模块主要是针对有余力的学生设置的，为选修模块。学生的余力是指能够较好地完成专业职能范畴的学习和训练，有较好的基本素质，可以继续学习更高层次的专业技能。有余力的学生能够接受较系统和深刻的数学教育，并且可以通过学习达成能力上的飞越。他们有些会考上普通院校的研究生，成为专业领域的人才；有些入职后成会为技术革新能手。这说明高职数学课程的教育价值是不可低估的。

当前数学在高职院校中的课程定位与新时期高职院校的教学对象不相适应。多层次、多种类的招生带来的是学生成绩的落差和能力水平的差异，整齐划一的教学计划实施起来出现许多问题：有些学生学不会，有些学生则感觉太简单。由于课程定位不够准确，学生对数学的意义不够了解。对毕业生的跟踪调查发现，学生在校期间数学课程的成绩与就业后学生整体职业能力和素养是正相关的，尤其像机械制造、船舶、计算机等专业，职业技能依赖数学能力水平更为明显。

我们应对高职数学教学的教育功能进行重新认识，首先，应该将高职数学课程内容按照专业需求分成通识性基础知识、专业所需要的工具性方法、科学能力和素养所需要的思想性材料以及科学方法论层面的材料等部分，并认真分析每个部分对不同专业的哪些方面有影响和作用，影响和作用又是什么意义上的，是工具，是普遍适用的方法，还是思想性的材料，以培养科学世界观和方法论。

其次，在上述划分之下，将每一部分按照知识的逻辑顺序由浅入深分成不同的教学单元，讨论不同教学单元适用的教学对象。在有各个专业教师参与的讨论中，逐步明确在不同专业中该如何把握高职数学的授课模式、讲授的深浅度、教育的目标。再由对学生测评的依据将学习过程分成学习等级，选择合适的教学内容作为各专业基础必须达到的标准，选择将有现代科学价值的内容作为继续深化学习的课程材料，开展真正意义上的分专业、分层次教学。

（六）高职数学教学基本功能的重新定位

高职数学教学基本功能的重新定位要通过教学目标、教学内容、教学方法的定位来完成。高职数学教学的作用是使学生在掌握中学数学知识的基础上，进一步学习和掌握本课程的基础知识和基本技能，具有正确、熟练的基本运算能力及一定的逻辑思维能力，从而逐步提高运用数学方法分析问题和解决问题的能力，为学习其他专业知识和以后进一步学习现代科学技术打下坚实的基础。

高职教育的目标是把学生培养成具有一定理论知识和较强实践能力，面向基层，面向生产、服务和管理第一线职业岗位的实用型、技能型、创新型专门人才。高职数学教学培养的人才应该是聪明的劳动者，在这个培养过程中，高职数学的学习对培养学生的上述能力是其他学科无法比拟的。高职数学的思想性与方法性对各类学生的发展均适用。所以，在教学中不仅要让学生掌握数学这一工具性知识，还要让大部分学生把握数学特有的思想与方法。

高职数学的教学内容以往被定位为以"必需、够用"为原则，笔者认为"必需、够用"是由科学技术发展的现有水平和未来发展趋势两个方面决定的。数学的科学意义不仅是解决当前的问题，是为未来发展奠定科学的基础，所以不能将高职数学课程仅作为专业课的工具。数学是一门逻辑性很强的学科，在教学内容的选择上，既要兼顾各专业的特点和需求，适当取舍，也要体现数学知识的系统性和连贯性。正是这种系统性和连贯性提供了一般学科领域研究的正确方式，示范了科学发展的一般规律和认识论的基本框架。通过高职数学的学习培养学生在学习其他课程的过程中分析问题、解决问题的能力，最终形成学生的终身学习能力，这才是这门课程的重要教育价值。

第三节　我国高职数学教学的现状

为了更好地体现"以应用为目的，必需、够用为度"的原则，充分发挥高职数学教学工具应用性、能力培养性、素质教育性等方面的功能，我们必须对高职数学教学的现状有全面充分的了解。为了实现这些功能及目标，广大的高职数学教育工作者进行了大量的探索和研究，取得了一定的成绩。但是，我们同时也深知，高职教育发展的历史还不长，高职数学的课程改革才刚刚起步，还存在着以下问题。

一、课程建设方面

（一）高职数学课程建设没有形成符合高职特色的体系

有些高职院校把高职数学课程的内容及课程的目标要求简单定位在中专的层次上或做某种形式的延伸；有的则把高职数学课程的内容等同于高专或是传

统高专内容的直接套用或翻版；有的照搬照套本科教材内容的形态模式，只是删去了较难的部分，删去了理论推导和证明，降低了理论性要求；更有甚者，把高职数学课程的内容列为条条框框式的提纲，只求套用而不求理解。上述做法的共同问题是没有正确理解高职数学的功能和课程原则，或者只从形式、表面或片面的角度来认识高职数学课程的功能和原则。

（二）课程内容的选择和组织没有充分考虑不同学生的差异性

不同的专业对高职数学的需求是不一样的，有些专业要求仅以一元函数微积分为基础，而有些专业则需要多元函数的微积分；对于有些专业，复变函数的知识比较重要，而有的则侧重于线性代数等。同时，高职学生入学成绩差别较大，而高职院校所用教材都是统一的，忽视了不同层次学生的差异性。另外，课程内容的选择和组织没有考虑到高职院校学生出路的多样性，诸如直接就业、专科升本科、参加研究生考试等。

（三）重理论体系，轻实际应用

职业教育的性质决定了高职数学教学要以应用为目的。在知识经济和信息化的时代，数学已渗透到了社会的各个领域，它的应用价值和理论价值越来越得到人们的肯定。而实际上，高职数学教学偏重于知识结构的严谨性、科学性，在实际中的应用还不够深入。

二、传统教材方面

教材是教学的重要资料，也是学生学习的主要依据。好的教材对于学生的学习和教师的教学有着巨大的助力作用。高职数学传统教材存在一些缺陷，但大多数都是表象的、浅层的，或者属于外围的、环境方面的问题，而其本质的、深层的、内在的问题还没有真正涉及。通过仔细挖掘，现将传统的高职数学教材的问题归纳如下。

（一）重知识传授，轻能力培养

重知识传授，特别是重视数学学科本身的严谨性，已经到了无以复加的程度。对于数学知识，唯恐介绍得不全面，哪怕专业教学完全不需要，但凡认为有一点用处就会介绍。对于学科体系内容，唯恐组织得不严密，即使边边角角也不会放弃，只要不违背数学教学就把它们写进来。这样一来，高职数学教材越编越厚，内容也越写越多，离专业教学的实际需求也越来越远。

轻能力培养，特别是轻视结合专业解决问题的能力。一方面，不仅忽视学生学习的主观能动性和学生学习能力的培养与提高，而且只是把学生视为教育的客体，甚至是装载数学知识的容器，尽一切可能把数学知识装进学生的大脑。另一方面，学生解决实际问题的能力如何鲜有提及，更谈不上培养学生解决专业问题的能力，甚至连应用数学知识解决专业问题的实例也很少出现。

（二）重教学过程，轻教学效果

重教学过程，甚至是单纯地为了数学教学过程的需要，将许多与专业教学没有关系的内容纳入教材，而毫不顾忌专业教学的实际需求。在高职数学教学的实践中经常会发现，某些教材里面出现了一些偏难的数学知识。而这些数学知识不仅不能起到服务专业学习和培养思维能力的作用，反过来还会阻碍专业知识甚至是数学知识本身的学习，把高职学生引入歧途，从而增加他们学习的困难。

轻教学效果，甚至对学生可能接受的知识程度和摄入总量一概不提。这种教材通常是理论性太强，原理和公式的推导又过于烦琐，内容含量大、要求高，脱离高职学生实际，使得学生难以理解和掌握；而且不重视学生能力的培养，内容深，一般的学生难以达到教材编写目的及要求，大多数高职学生学起来吃力又乏味，难以发挥主观能动性和积极性，从而打击高职学生学习的积极性。

（三）重知识展示，轻知识应用

重知识展示，往往都会因沉湎于公式的推导、定理的证明而让人花费无数的精力，这是绝大多数数学教材的通病，当然也是高职数学教材的痼疾。而且，由于这样的教材只是简单地展示了高职数学知识和原理，却没有很好地阐释这些知识和原理，更没有说明这些数学知识和原理之间的关系，因此，不仅不能为高职教师节省课前准备的时间和精力，反而对高职数学教学起消极作用。

轻知识应用，传统教材对于数学知识的应用往往只是蜻蜓点水式地一带而过，结合学生所学专业的实际应用很少提及。高职数学教材中的例题、习题之多，是毋庸讳言的；而高职数学在各个专业中的应用之广，更是无须质疑的。但是，高职数学在各个专业中应用，偏偏很少在高职数学教材中出现。这种现象非常不利于高职教师在教学中使用教材，同样也不利于高职学生的学习。

（四）重逻辑推理，轻形象思维

重逻辑推理，即常常为了得到一个简单的结论而进行长篇的、无趣的演绎推导，以至于教师在课堂上夸夸其谈，而学生却不知其所以然。毫无疑问，数学本身具有逻辑推理性，这是一个不争的事实。但是，并不能因此而说明高职数学教材就一定要充斥着逻辑推理。而且在实践中，绝大多数高职数学教材都采取很传统的分析演绎的模式，偶有例外，也只体现在某些部分。

轻形象思维，即常常对于通过形象思维很容易解决的问题，按照分析的模式去演绎，不仅加大了教材的篇幅，而且严重挫伤了高职学生的学习积极性。其实，在高职数学学习中，除了几何学需要大量的、丰富的形象思维之外，还有很多其他方面的内容也需要形象思维。此外，教育心理学的研究表明，学生即使在学习具备严格的逻辑推理性的数学时，很多时候也是采用形象思维的方式来进行记忆和理解的。

三、考核评价方面

目前，学生学习高职数学的考核手段和途径仍然以纸笔闭卷考试为主。这种考核形式实际上是中学考核形式的延续，不利于学生应用能力和创新能力的培养，容易让学生失去对高职数学的学习兴趣，因此必须进行彻底的改革。同时，对高职数学教师教学质量的评价也没有很有力的措施，传统上，实行教考分离、统一测试在理论上是测量教师教学质量的一种可行的办法，也是比较有效的办法。但是，目前高职数学课程的改革正处于探索与创新阶段，尚未形成统一的、大家公认的教学内容体系和教学方法，也不可能形成统一的模式。因此，不太可能用一个尺度（如统考统测）来衡量。

四、计算教学方面

计算是数学教学不可或缺的内容，更是数学教学绕不过去的弯。高职数学也不例外，反而由于高职数学为专业服务的功能显得其地位更加重要、作用更加突出。但是，由于高职数学教师并不都能够认识到数学计算的重要性，高职数学的计算教学中出现了一些不应该有的现象。通过仔细梳理，其主要问题可以归纳如下。

（一）情境综合征

情境教学是教师根据教材内容，创设出形象鲜明的模拟场景，辅以生动的教学语言，并借助音乐、美术等的艺术感染力，使学生如临其境甚至感觉置身其间，以至于情景交融，来培养情感、启迪思维、发展想象、开发智力。通常创设情境能烘托教学气氛，激发学生的学习兴趣；能鼓励学生质疑，分散解决知识难点并强化重点；能促进构建新的认知结构，深化情感，反馈矫正，巩固新知识，同时拓展知识领域。在高职数学计算教学中，一个理想的教学情境，能激发学生的兴趣，同时增进学习的效果，使学生潜移默化地理解知识。

但是，强制、生硬地构造教学情境并不是值得夸耀的事情。因为教学情境是教师为了引导学生的学习，根据教学内容和教学目标，并结合学生的心理认知程度等实际情况，而有目的地创设的一种特殊的教学环境。如果过于注重教学的情境化，为了创设情境"冥思苦想"，好像脱离了情境就激发不了学生的学习兴趣，则有悖于情境教学的初衷。然而，有些高职数学教师在计算教学时设置的情境，或牵强附会，或不能将数学知识与专业实际应用结合起来，纯粹是为了引出算式而进行的不着边际的情境分析，导致了情境综合征。

（二）媒介依赖性

电化教学的多媒体技术和手段，以其形、声、色的优势将教材内容形象、直观、生动地展现在学生的面前，创设出一种轻松愉快的学习环境，使得学生能够见其形、闻其声、观其色，受到美的熏陶，同时学到相关知识。因此，教学中充分使用媒介手段，旨在优化课堂教学，充分调动学生学习的自觉性和主动性，提高学习效果，提升教学质量。而且，巧用媒介技术，还可以培养学生的识记能力、理解能力、思维能力。高职数学计算教学中使用媒价技术，可以适当避免重复、冗长或烦琐的计算和推导过程，节约课堂教学时间。

但是，过多地、随意地使用多媒体技术和手段，有可能降低学生对抽象数学符号学习的兴趣，并使学生缺乏独立思考的精神，甚至丧失学习的动力。然而，有些高职数学教师过分依赖道具，如幻灯机、投影仪、计算机等，似乎离开了这些媒介就不会教学。尤其是在计算教学的过程中，有些教师滥用多媒体技术和手段，随意将正常的解题计算过程一次性"幻灯"掉或"投影"过去，错过了培养学生计算能力和逻辑思维能力的大好时机，反而自以为是教学手段的信息化，却不知不觉中养成了媒介依赖性。

（三）形式主义化

唯物辩证法认为，形式是内容的表象，形式与内容是密不可分的，不存在没有形式的内容，也不存在没有内容的形式；形式是为内容服务的，内容决定形式，而形式必须适合内容；有什么样的内容，就必然有什么样的形式；内容发生了变化，形式迟早也要相应地发生变化。显然，高职数学计算教学中形式与内容的关系也是如此。在高职数学计算教学中，一方面教学内容因教学形式而更加清晰明了，另一方面教学形式也因教学内容而更加丰富多彩，所以要仔细琢磨利用形式的多样性，更多地注意通过形式的细节来服务于内容。

但是，刻意地、盲目地追求形式的多样性，从教学论的层面上来认识，就是片面地理解了科学性原则，过分追求新花样，脱离了学生的认知实际，对教与学产生误导，师生的注意力都集中在形式上，势必影响对问题本质的揭示与理解，冲淡数学思想方法的渗透与感悟。有些高职数学教师为了追求教学形式的多样化而操弄课堂气氛，在教学形式上做文章，给人以课堂气氛活跃的假象，尤其是在计算教学的过程中，对算法只求量上的多而不顾思维层面即质上的提升，对学生同一思维的算法也一概叫好，促成了形式主义。

（四）过程简单化

有过程才会有结果，没有过程就不会有结果，这是显而易见的道理。通常，过程是漫长的，而结果是暂时的；虽然过程服务于结果，但是结果却反映了过程。尽管过程重要，但是在结果面前，有时却又不值一提，此时简化过程成为必然，否则就会无端地干扰结果的呈现。显然，高职数学计算教学的形式与结果的关系也是如此。在高职数学计算教学中，必须兼顾计算过程与计算结果，不可偏废；一方面通过注重计算过程来重视计算结果，另一方面通过注重计算结果来重视计算过程，并以此来培养学生的运算能力。

但是，过分、随机地简化计算过程，会导致结果的来历不明。在教学中省略必要的计算步骤，而用"可知""易得""显然"等词语进行替代，或者写出一大串省略号直接得到计算结果，必然会导致学生陷入迷茫。对学生而言，许多的"可知"并不可知，"易得"也不易得，"显然"更不显然，省略号则省略了不该省略的东西。然而，有些高职数学教师以自己的数学水平和数学修养为基点来度量学生，既不重视对当前知识的巩固与深化，更不注重对原有知识的复习，往往忽视教学中计算过程的展示，导致了过程简单化。

五、对高职数学重视程度方面

高职教育强调学生对相应职业技能的掌握，强调学生的操作能力。高职院校多数都把教学重点放在专业课的教学和职前实训上，基础理论课教学课时一般都不多，与本科院校相比有相当大的差距。据调查，目前高职基础理论课教学课时（除数学外，还包括政治理论课、外语课和体育课）一般占总课时的 20% 左右，教育部对政治理论课和体育课的教学时数有明确的要求，外语课由于有考级的要求而得到教师和学生的重视。在这种情况下，高职数学课程往往得不到应有的重视，数学课的教学课时则不断减少，有些学校的一些专业所开设的数学课时占总课时的比重尚不足 5%。

六、对教师重视程度方面

针对师生交流问题，客观来讲，是因为班级容量比较大，学生数量多，课时也较短，教师没有足够的时间精力做到逐个了解学生。但是主观来讲，许多教师自己投入的精力不够，没有了解学生姓名和性格的愿望，不愿意同学生交朋友。而且因为教学班容量大的问题，很多教师觉得传统的讲授法更容易达到教学任务的要求，不愿意花更多的时间去设计教学方法调动教学氛围，也不愿踏出课堂去接受其他的教学方法。

无论课堂上还是课外，教师与学生的沟通交流都较少。学生普遍反映，高职教师上课的模式与中学模式截然不同，中学教师对班级学生的了解与沟通还是相对较多的，而高职教师上课时只顾讲课，几乎与学生没有沟通，对学生没有了解，在课外师生交流平台也只是设置形式般的答疑。这使得很多学生上了大学之后，对课程和教师均表示失望，在情感上得不到满足，觉得教师在应付课程、应付自己，极大地降低了学生学习数学的积极性，打击了学生的学习自信心，甚至改变了学生的学习态度，使学生自己也变得开始应付课程。由此可见，教师教书育人的责任感有待提升。

七、课程价值定位方面

高职数学作为一门公共基础课，承担着高职院校学生素质培育和为专业服务的双重功能。但实际教学中，一方面由于高职院校对专业教学的重视，忽视了公共基础课在人才培养中的重要地位，于是高职数学课时不断压缩，教学时间安排紧张，导致高职数学教学内容多、容量大、进度快；同时，由于高职院校招生规模的逐年扩大，生源素质水平呈下降趋势，学生很难跟上高职数学教学的节奏。另一方面由于高职数学课程定位不准、认识存在偏差，数学教师还没有完全脱离传统的教学模式，教学与专业联系不紧，与人才培养目标结合不够，没有在基于专业服务的基础上进行教学，造成高职数学教学与专业教学脱节。可见，生源质量下降、教师教育理念陈旧以及数学教学课时数减少，是高职数学课程教学效果不理想、课程价值得不到充分发挥的直接原因，而课程价值定位不准、数学教学没有及时调整以应对高职生源与课时的变化，则是课程价值得不到充分发挥的深层原因。

八、教学方式方面

目前的高职数学教学仍然采用"教师讲、学生听"的传统方法，教学方式单一，教学组织呆板，缺少活力，缺少层次。教学过程普遍缺乏对学生的启迪和积极引导，忽视对学生科学探究精神的帮助和鼓励，不讲课程内容的科学意义、课程学习对专业成长的作用、课程的最新发展现状，而在一些枝节问题上大做文章，过于重视课程教学的逻辑性、严密性和系统性，甚至把做题作为整个教学活动的中心。

以"教师、教材、传授知识"为中心的传统教学方式，过分追求课程的逻辑严谨和体系形式化，忽视了人的能动因素的突出表现，使数学课堂变得单调与沉闷，缺乏生机和活力，学生学习的方式始终是被动接受，不利于学生的综合发展和创新精神的培养。在高职数学教学中，应用现代信息技术手段开展教学的较少，数学实验、数学建模与数学探究等数学实践活动普及率低，所有这些都直接影响高职数学的教学效果。

九、学生基础方面

目前，我国的高职院校与高中学生心目中真正的大学相比，存在的差距较大，所以大多数考上高职院校的学生面对新的同学、教师和学习环境，不仅没有产生自豪感和兴奋感，反而心情沮丧、情绪低落，甚至自卑，在这种心情状态下的学生，其学习的积极性和主动性就可想而知了。更现实的问题是，高职院校招收的新生在高中阶段的基础知识相对薄弱，学习的适应性不强，综合运用能力较差，克服困难的决心不大，学习动力不足，学习状态很难发挥出应有的水平。

由于长期受应试教育的影响，大多数学生学习数学的方式是被动的和机械的，普遍感到数学难学、难懂，因而在学习中难以坚持下去，即使能坚持下来，对高职数学本质的理解也只是一知半解，遇到专业及生活中的实际问题时，不知如何解决，无法从专业实际问题中抽象出数学问题，分析解决实际问题的能力不高，在借助信息技术手段对数学实验、数学建模的探索性学习，以及拓宽自己学习空间方面的能力相对薄弱。另外，高职院校学生数学能力的发展不全面，尤其缺乏综合素质、实践能力和创新精神的培养，在高职数学学习中缺乏良好的情感体验以及对个性品质的关注。

十、学生个体差异方面

随着高职院校近几年扩招，招生录取时的数学成绩普遍较低，生源水平参差不齐，招生有单招、统招之分，统招又分文科、理科，理科学生在微积分等知识点的理解能力和掌握能力方面要优于文科学生，文科数学知识一般只涉及概念、性质、相关公式，没有对知识的进一步深入，理科学生在高中阶段数学功底扎实，高考阶段的复习对数学的熟练程度更高、理解更为深刻。单招学生数量有增大趋势，高考成绩出现二三十分的情况时有发生，单招学生对于微积分知识内容的学习并没有涉及。高职院校数学教学起点高，使得在数学课堂上经常出现种种奇怪的现象：补习中学数学的内容，这相应增加了数学教师的授课内容，增大了教学难度。数学课一般为大班授课，班容量大，对学习程度差距大的学生很难照顾均衡。

学生学习有时产生焦虑情绪。学生产生焦虑情绪的原因很多，诸如学习兴趣缺乏、心理素质不强、毅力差、不自信等。这些因素不可避免地会形成对数学学习的焦虑情绪，从而导致学生消极应对数学学习。

第四节　高职数学教学的改革趋势

高职数学教学是许多高职课程教学的基础，其教学效果直接关系到高职院校教育目标的实现。改革高职数学教学方法，提高课程教学质量，为专业课程学习打下坚实的基础，是高职数学教学亟待研究和解决的问题。

一、激发高职学生的学习主动性

传统的"满堂灌""一讲到底"的教学方法，会闭塞高职学生的思路，阻碍学生智力的发展，更无助于培养高职学生的动手运用能力，极大地影响了高职学生的全面发展。高职数学教学改革要坚持从学生的实际出发，把高职学生当作学习的主体，着眼于通过教师的讲解来调动高职学生学习的积极性和主动性，使高职学生的数学知识和技能被充分挖掘出来。这就要求高职数学教师积极废弃"一言堂"的教学模式，灵活而大胆地使用积极自主探索、团队合作交流的教学方法，使高职学生真正成为学习的主人翁。课堂教学中教师要将学生分成若干个学习小组，每组既有成绩好的学生也有成绩不好的学生，让每个人都在小组中担任不同的角色和承担不同的任务，每个人都拥有赞成和否定别人意见的自由，形成"比、学、帮、超"的良好学习氛围。以此让高职学生在相互帮助、共同监督、团体研究中学习高职数学知识，在教师孜孜不倦的启发下真正实现从"要我学"到"自己主动学"的角色转变。

二、课堂教学注重理论联系实践

传统的高职数学教学方法把高职学生局限在书本上和教室中，理论和实践严重脱节。因此，要让高职学生多参加社会实践，理论联系实际，开拓他们的视野，增长他们在实践中运用数学知识的社会经验。高职学生的数学思维一般建立在直觉形象的基础上，依赖于过去的知识经验和直观感性材料并以此为基础。针对高职学生这一思维特点，高职数学教师在教学中要多使用直观操作、实物演示等方法，帮助高职学生由浅入深地理解掌握抽象的高职数学知识。另外，高职数学教师要不断将高职学生带出教室，从生产和生活的具体实践中去探求数学新理论、新知识，培养用数学解决问题的思维和意识。在数学实践课程中，让学生进行分组讨论，提出疑问，从而共同找出解决之道。通过主动参与研讨，学生会发现常常感到困惑的数学概念，很容易理解了，这比教师反复"满堂灌"的教学所起的效果好很多。例如，在给道路桥梁专业学生授课时，高职数学老师应该带领学生们到公路上走一走，到桥梁旁边去看一看，关注高职数学与生产实践的联系。这种教学模式既符合高职学生的认知规律，又会加深学生对已经学过的数学知识的理解。

三、基于大数据改革教学内容

改革高职数学基础课程教学内容。一是对传统内容进行适当增减，增减要注意数学知识的整体性和连贯性。二是加强对重要数学概念的理解，通过文字化、数值化、几何化、代数化原则改进对重要数学思想的教学，特别是要把函数概念回炉重新学习，切实让学生掌握其精髓。三是理解运算，淡化解题技巧训练，提倡用通式通法解题，鼓励运用计算思维、用软件完成数学运算。

重视概率与统计相关内容的教学。数学家西蒙·拉普拉斯曾说过："人生中最重要的问题，在绝大多数情况下，真的就只是概率问题。"在后工业时代，即大数据时代，人们常常需要对不确定性的事情做出判断，依据概率做出决策。在日常生活中人们几乎不会使用微积分，而与风险、奖励和随机性相联系的概率与统计却被频繁地使用。概率与统计能帮助我们理解数据，可以用它来分析趋势、预测未来。所以把概率与统计相关内容纳入高职数学必修内容是理所当然的。

加大数学建模和数学实验教学内容的比重。20世纪数学最大的变化是数学应用，美国科学工程和公共事务政策委员会报告《美国的现在和未来》指出，在技术科学中最有用的数学领域是数值分析和数学建模。为构建教学情境与加强学生对数学理论与方法的理解，教师会将科学计算中常用的数值计算思想与方法，如插值、拟合、迭代、最小二乘法等融入教材内容。学生通过数学建模使用计算机解决的各类实际问题、理论问题越多，就会越发感到要学习的数学知识越多，而且掌握应用计算机软件的能力也要越强，学生学习进入良性循环。因此，要把数学建模和数学实验融入并贯穿在整个高职数学教学过程中。

四、突出应用性，加强与专业教学的融合

武汉大学齐民友教授曾经说："如果不能使学生在学数学的过程中，就看到数学与当代人类生活的联系，就开始学习用数学，这样的数学教育就很难有生命力。"

高职数学作为基础课，要加强同专业教学的融合，加大与专业、社会生活有关案例和探究性课题的研究，特别要指出的是案例中数据要标注真实的来源，让学生体会到所学专业与数学密切联系，提高学生对数学在专业和社会生活中应用价值的认识。

五、重视数学应用意识和能力的培养

在高职数学教学中加强对学生数学应用意识和能力的培养就适应了当前教学发展的新趋势，而且对促进高职学生创新能力和数学思维能力的发展，以及理解应用相关数学知识具有重要意义。但由于一些高职数学教师教学理念和教学技能的限制，目前在实际的教学过程中还存在不少问题。对此，高职数学教师需要进一步学习一些新的教学理念和教学技能，丰富高职数学课堂教学手段和方法，积极开展各种活动培养学生的数学应用意识和能力，提高高职数学教学的有效性。

（一）根据教学内容设置科学的教学目标

学生是教学的主体，只有从学生的实际学习情况和兴趣需要出发，设置合理的教学目标，选择适宜的教学方法，制订科学的教学方案，学生的相关学习能力和学习兴趣才能得到真正的发展。因此，要想在高职数学教学中有效培养学生的数学应用意识和应用能力，高职数学教师需要在教学活动开展之前积极与学生进行沟通交流，调查他们对即将学习的教材内容的了解情况，结合他们的实际学习能力和教材内容，设置科学的教学目标，致力于让学生认识了解相关数学知识在实际生活中的实际意义和应用，引导学生学习掌握一定的应用技巧，培养他们学习相关数学知识的兴趣。然后根据教学目标选择适宜的教学手段和方法，并制订科学的教学方案，对教学导入、教学实施和教学延伸等环节提出具体的要求，确保整个教学活动的有效性和有序性。最后根据教学方案实施具体的教学活动。同时教师在具体的教学过程中，还应该关注学生的行为表

现，根据学生表现出来的学习情况调整自己的教学方法和教学进度，确保每个学生都能在教学中发展数学应用意识和能力。

（二）合理分组，开展合作学习

在教学中开展合作学习，有助于充分发挥学生学习的主动性和主体性，充分锻炼学生的自主学习能力，同时还有助于提升学生的团队合作意识和团队合作能力。因此，高职数学教师可以在教学中根据学生的实际学习情况和学习能力，将学生按照学号、座位、人数等合理划分成几个学习小组，尽可能地实现每个小组成员之间的优势互补，让学生以小组的形式自主学习相关的教材内容，确保每个学生都能在合作学习中发挥自己的作用。同时，高职数学教师还可以在将学生分成几个学习小组后联系实际生活中的一些数学现象，设置一些学习任务，引导学生在小组内相互合作，合理分工，共同完成教师布置的任务，充分锻炼他们的数学应用能力。

（三）指导学生开展数学社团活动

设立数学建模协会，为学生搭建一个良好的学习交流平台，以"普及数学建模知识，提升会员自身综合素养，提高创新应用能力"为宗旨，以"培养会员的团队协作精神，锤炼会员奋力拼搏、攻坚克难、灵活应变的综合素质，激发会员的创新应用能力，加快学院技术技能人才培养步伐"为目的，实行自我管理、自我服务和自我学习，认真组织学生开展建模活动。学生通过数学建模活动全过程参与，其抽象、转化、分析、思考以及借助数学软件、方法进行问题求解的综合素质和创新应用能力都得到了锻炼和提高。数学建模协会在提高高职学生综合素养、创新应用能力方面正发挥着越来越重要的作用。实践表明，学生参加数学建模培训活动取得了明显的效果。

六、推进高职数学信息化发展

人工智能上升为国家战略高度后，面向人工智能教育领域的优质平台全面发展，融入智能化手段已成为现代教学的主要变化趋势。当前各高校在融入信息技术的教学方面有一定的投入，但对高职数学教学所起到的作用有限，主要原因是当前对信息技术与课程融合创新的具体环节缺乏探索。

（一）配备优秀教师和创设良好环境

教师本身的综合素质的高低和专业技能的大小对学生的发展有着十分重要的作用和影响，因此对于高职院校中高职数学课程的教师来说，必须确保自身的职业素质和专业能力达到标准，这样才能建设一批有实力、有资历的教师指导团队。高职院校应引进一批素质高的、优秀的、专业的相关人才，招聘一些具有较长工作经验的、专业能力强的教师，对学生进行实际经验的传授和训练，为学生提供直接有效的指导经验，确保学生所学习的理论知识能够符合当前社会对数学知识理论人才的要求，确保学生学习的对口性。所以，高职院校的数学知识理论专业实践教学体系建设，首先需要专业能力较强的教师。其次，高职院校应完善优良的环境，创造出优良的教育环境，发挥"环境潜移默化影响"的作用。

（二）巧妙利用慕课视频

许多高职院校都开设了慕课教学，慕课教学是根据相关院校的人才培养目标，规划教学内容，并制作出相应的课程教学视频，学生可实时在线学习、在线讨论、在线考核等，形成一套完整的慕课教学系统。为了进一步保障慕课的教学效果，一般课程时间都很短，大多不超过 20 分钟。学生在学习过程中可根据视频的教学内容进行实时测试、在线纠偏，实现师生间的在线互动。把慕课教学的先进模式引入课堂，充分调动了学生学习高职数学的积极性，大大提高了课堂教学效果。

总而言之，高职数学教学的大发展离不开教育教学改革。教学模式与方法的改革为进一步提升高职数学教学质量提供了前进动力。高职数学教师必须以课程改革为突破口，全面推进高职数学素质和能力教育，使我国的高职数学教学适应21世纪新时代的发展要求。为此，高职数学教师需要不断探索、大胆创新，不断设计新的课型，更新高职数学教学方法和教育观念，为提高高职学生的数学能力和水平做出自己的一份贡献。

（三）重构教学模式

"互联网 +"可以优化高职数学教学。在互联网背景下，数学教学的内容会更为丰富，信息量也会更大，可以通过创设特定情境，做到图文并茂，使课堂内容的感染力更强，有效提高学生的感知和兴趣，发挥学生最大的学习潜能和创造力。在教学过程中，学生可以充分利用网络版的教学课件进行网上学习，能够突破时空限制，加快对知识的接受、理解和记忆，这样能够有效地培养数学情感，让学生的思维更加科学合理。教师应合理运用多媒体、网页交互反馈等辅助教学手段，使学生对所学知识能够容易理解、深刻记忆。"互联网 +"背景下的数学教学，一方面教师可以从繁重的课堂讲解中解放出来，有更多的时间对学生进行个别指导；另一方面学生通过生动活泼的课件和丰富多彩的网络学习资源，激发学习的兴趣和积极性，使数学学习的效率得到提高。

（四）通过数字化建设增强课堂趣味性

通过利用数字化技术，可以在课堂教学中播放歌曲，让学生跟随着音乐节奏摆动身体，这样不仅可以消除学生的疲劳感，又能够激发兴奋点，让原本枯燥乏味的课堂更加生动形象，同时也能够为学生营造良好的学习环境，提高课堂教学的整体水平。数学作为一门与生活密切相关的学科，通过实践操作能够增强学生的动手能力，提升深度教学的整体水平，帮助学生将注意力集中在课堂教学环节。数学实践与课程教学，具有明显的目的性和计划性，教师必须引导学生参与各种各样的实践活动，帮助每一位学生对数学知识进行深入思考，加强对学生的操作能力和实践能力引领，让学生将数学知识与生活常识紧密结合，让每一位学生都能够将数学知识在生活中应用，从而有效解决实际问题。

在实际教学中，通过生活化教学可以激发学生的学习主动性和积极性，在实践操作中感受到动手操作的乐趣，让每一位学生都能够感受到数学学习的快乐，帮助学生养成自主学习的能力。实践活动是学生养成良好思维的重要依据，教师必须积极通过实践活动的方式加强对学生的引导，从而开展课程交流，有很多学生能够说明自己计算过程中的思路，此时教师应当对学生进行适当的鼓励，增强学生学习的自信心，提高学生的成就感。

数字化技术有利于培养学生的审美能力。在素质教育背景下对学生的情感教育非常重要，情感教育能够增强学生的内心世界，让学生的内心世界变得更加丰富多彩，更好地去感知世界。在高职数学课堂教学中，教师利用多媒体课件，展示丰富多彩的画面，通过声音图像使得讲授的知识更加直观地充实学生的头脑，让学生能够深刻感悟讲授的内容，增强学生的阅读审美能力，帮助学生领略授课的意境。

在教学时，教师并不能只注重培养学生的技能，应同时注重学生德智体美劳全面发展。在高职数学课堂教学时，如果教师依然停留在传统教学理念下，不注重教学内容创新，则很难适应时代发展的需要。在传统的高职数学教学中，大多数教师依然从自身绩效的角度出发，制定各种教学内容和教学策略，具有非常多的条款，缺乏灵活性。很多学生正处于生长发育期，如果对他们进行过度约束则很容易导致产生逆反情绪。数字化教学能够让学生成为课堂教学的主体，教师为学生制定个性化的教学模式，只有根据学生的实际情况进行分析，提出恰当的解决方案，才能够有效指导学生，充分调动学生学习的积极性和主动性。

鉴于以上情况，教师应该在基本的必修课程之后，继续开设公共选修课，选修课的范围可以覆盖所有高职数学的内容。不管是讲座还是公共选修课，如果涉及某个专业的理论基础，教师可以要求该专业学生限选，其他内容学生可以根据自己的喜好和需求进行选择。这样既满足了部分学生的愿望，解决了部分学生专升本的问题，同时也丰富了高职院校的课程结构和学生的业余生活，而且由于公共选修课门数的增加也有利于完全学分制的实施。

（五）变革教学评价方式

运用互联网整合多渠道的质量评价信息，提高质量评价的水平，是今后职业教育改革的方向。学生可以通过网络平台给任课教师的教育教学点赞，而教育部门可以通过网络大数据对学校及教师的教育教学活动及时进行相应的评价与监控，确保教育教学获得良性发展。在"互联网+"时代，教育领域的每个人都是评价的主体，同时也是评价的对象，而学生家长也可以更容易地通过网络介入教学评价。此外，基于互联网的教学评价，不仅在上述评价方式上要有所改变，而且在评价内容和评价指标上也要有所调整。只有对教学进行客观公正的评价，才能使教学质量得到不断提高。

第二章　互联网对高职数学教学的影响

随着互联网技术的迅速发展和我国教育改革的不断深入，将"互联网+"模式运用到教学活动中已成为一种发展趋势。这种教学模式能够有效提高课堂效率和学生的学习能力。高职数学是高职院校必修的一门基础课，它对于学生的逻辑思维能力、推理思维能力与想象思维能力的培养具有积极的作用，对于学生的思维能力、空间想象能力等都产生着一定作用。但由于课程教学的抽象的特点，许多学生在学习中会遇到一些问题，因此，就需要高职院校的教师利用新式的信息化教学方法，将抽象的教学变得更加立体化、形象化。本章主要介绍新时代背景下互联网对高职数学教学的影响。

第一节　互联网的形成与发展

互联网是全球性的、最具影响力的，分布于世界各地的、基于"全球统一"规则（协议）的计算机互联网络，它既是世界上规模最大的互联网络，也是世界范围内的信息资源库。互联网使得一个五彩缤纷的世界展现在世人的面前，其已深入政治、经济、科学、技术、文化、卫生乃至人们的现实生活中。利用互联网进行市场调查、产品介绍、信息咨询、商务洽谈、合同签订、网上购物、货币支付、售后服务等活动已成为人们崇尚的理念。

一、互联网的形成

互联网不属于哪个国家、单位或个人所独有，它更像是一个世界性的公益事业、资源共享库，许多组织和个人都是以奉献的精神参与其发展的。从 20 世纪 60 年代末到 90 年代初，互联网经历了形成、实用及商业化三个阶段。

1960 年，由美国国防部投资，通过高级研究计划署具体实施研究网间互联技术；到 20 世纪 70 年代末期，高级研究计划署已建立了多个互联网，最有代表性的是 ARPAN-RT 互联网，其采用分组交换技术。1974 年，TCP/IP 协议问世，为网间交换信息制定了各种通信协议，其中传输控制协议和网际协议已发展成当今互联网的基本协议。TCP/IP 协议为实现不同硬件构架、不同操作平台网络间的互联奠定了基础。

互联网的快速发展始于 1986 年。由美国国家科学基金会赞助，将 5 个美国国内超级计算机网络连成了广域网——NSFnet。后来，相继又有一些大公司加盟，把 NSFnet 建成了一个强大的骨干网，旨在共享它所拥有的资源，推动科学研究的发展。1986—1991 年，接入 NSFnet 的计算机网络由 100 多个发展到 3000 多个，有力地推动了互联网的发展。然而，随着网络通信量的迅猛增长，美国国家科学基金会不得不采用更新的网络技术来适应发展的需要。1992 年，由美国高级网络服务公司组建的高级网络服务网取代 NSFnet 成为互联网的主干网，联入主干网的主机达 100 万台。

在 20 世纪 90 年代后期，互联网逐渐成为主要提供内容信息服务的平台，各种门户网站层出不穷，这些网站逐渐成为新经济的代表，受到投资者的追捧，造成了大量的互联网泡沫。不久，在互联网泡沫破灭后，为数不多的幸存者成为真正的强者，并且涌现了一批新兴的互联网公司，它们主要致力于电子商务，从而开启了互联网经济的新时代。

二、互联网的发展

20 世纪 80 年代中期后，在世界其他地区也先后建成了各自的互联网主干网，如北欧网、加拿大网、欧洲网、苏联及东欧国家网等。这些主干网又通过各种途径与美国的主干网相连，形成了规模庞大的互联网。

随着网络应用的迅速发展，多媒体、高带宽、超容量的数据信息库的广泛使用（如远程教学、远程医疗、金融、高性能实验室等），使得原有的网络已不能满足用户的需求。因此，美国于 1994 年提出并于 1996 年开始实施互联网 II 计划和新一代互联网（Next Generation Internet，NGI）的网络发展规划。

互联网 II 与新一代互联网的首要任务是为科研机构建立一个领先的前沿网络，实现宽带网的媒体集成和实时通信，旨在向全球范围内的教育、科研机构等提供新一代的网络应用和服务。通过每年提供可观的资金来促进学术界、产业界与政府的合作，其目标是：用高性能的网络连接大学和国家实验室，其中的 100 个机构的网络连接速度要比以往的互联网快 100 倍，10 个机构的网络速度要比以往的快 1000 倍；支持下一代网络技术的研究与示范新一代的应用。

互联网将全球的计算机网络连接起来，形成一个网络中的网络。它的发展过程伴随着计算机网络技术和通信技术的进步，从互联网的形成来看，互联网的发展过程和计算机网络的发展密不可分，它的发展过程大致如下。

（一）以单主机为中心的联机终端系统

计算机网络主要是计算机技术和信息技术相结合的产物。它从 20 世纪 50 年代起步至今已经有 70 多年的发展历程。在 20 世纪 50 年代以前，因为计算机主机相当昂贵，而通信线路和通信设备相对便宜，为了共享计算机主机资源和进行信息的综合处理，形成了第一代的以单主机为中心的联机终端系统。

在第一代计算机网络中，因为所有的终端共享主机资源，因此终端到主机都单独占一条线路，所以使得线路利用率低，而且因为主机既要负责通信又要负责数据处理，因此主机的效率低，而且这种网络组织形式是集中控制形式，所以可靠性较低，如果主机出问题，所有终端都会被迫停止工作。面对这样的情况，当时人们提出这样的改进方法，即在远程终端聚集的地方设置一个终端集中器，把所有的终端聚集到终端集中器，而且终端到集中器之间是低速线路，而终端到主机是高速线路，这样使得主机只负责数据处理而不用负责通信工作，大大提高了主机的利用率。

（二）以通信子网为中心的主机互联

随着计算机网络技术的发展，到 20 世纪 60 年代中期，计算机网络不再局限于单主机网络，许多单主机网络相互连接形成了由多个单主机系统相连接的计算机网络，这样连接起来的计算机网络体系有两个特点：多个终端联机系统互联，形成了多主机互联网络；网络结构体系由主机到终端变为主机到主机。

后来这样的计算机网络体系逐渐向两种形式演变。一种是通信任务从主机中分离出来，由专门的通信控制处理机（CCP）来完成，CCP 组成了一个单独的网络体系，称它为通信子网。而在通信子网基础上连接起来的计算机主机和终端则形成了资源子网，导致两层结构体现出现。另一种就是通信子网规模逐渐扩大成为社会公用的计算机网络，原来的 CCP 成为公共数据通用网。

（三）计算机网络体系结构标准化

随着计算机网络技术的飞速发展，计算机网络的逐渐普及，各种计算机网络怎么连接都显得相当的复杂，因此，需要形成一个统一的标准，使计算机网络更好地连接，在这样的背景下形成了体系结构标准化的计算机网络。

为什么要使计算机网络体系结构标准化呢？有两个原因：一个是使不同设备之间的兼容性和互操作性更加紧密；另一个是体系结构标准化可以更好地实现计算机网络的资源共享，所以计算机网络体系结构标准化具有相当重要的作用。

第二节 互联网与"互联网+"

一、互联网的主要特征

互联网具有开放性、全球性、虚拟性、身份的不确定性、非中心化与平等性等特征。

（一）开放性

互联网的本质是计算机之间的互联互通，以便能够做到信息共享。计算机之间互联互通的程度越高，共享信息越多，开放性越高，互联网所起的作用就越大。

（二）全球性

网络拓展了人类的认识和实践空间，使得终生难以相见的人们顷刻间变成了近在咫尺的网友。庞大的地球在不知不觉中变成了"地球村""电子社区"，人人都可以进入这个"地球村"，成为这个"电子社区"的一员；人人都可以在网络上使用最新的软件和资料库，不同的观念和行为的碰撞、融合变得直接和现实。网络化还把不同的宗教信仰、价值观、风俗习惯、生活方式呈现在人们的面前，经过频繁洗礼和自主的选择，不同国家、不同民族、不同生活方式的人们通过学习、交往、借鉴达成共识，增进沟通和理解。

（三）虚拟性

网络世界是人类通过数字化方式链接各计算机节点，综合计算机三维技术、模拟技术、传感技术、人机界面技术等一系列技术生成的一个逼真的三维感观世界。进入网络世界的人，其基本的生存环境是一种不同于现实物理空间的电子网络空间或赛博空间。

（四）身份的不确定性

在现实世界中，网民的社会关系为亲戚、朋友、同事、邻里、师生，等等。在很大程度上是一种熟人型的关系，其交往活动依附于特定的物理实体和时空位置，并受着较为稳定的社会价值观念及文化的支撑和规约。而在网络世界里，尽管计算机专家可以将一切信息还原为数字"0"或"1"，换言之，信息在构成上是确定的，但是信息的庞杂性、虚拟性和超时空特征使得作为行为目的、意义和情感的传播通道并不清晰可辨。同时，网络世界是一个开放多元的世界，它跨越了时空界限，但却无法聚合历史文化的差异。这些都使得发生在人与人之间的网络交往易变、混沌，网络世界中的人际关系也因此充满了不确定性。不仅如此，在"网络社会"这个崭新的信息世界中，主体的行为往往是在"虚拟实在"的情形下进行的。在网络技术的帮助下，每个人都可以成为"隐形怪杰"，其身份、行为方式、行为目标等都能够得到充分隐匿或篡改：一个白发老翁可以发布电子讯号将自己伪装成红颜少女，强盗亦可自称警察而难被发觉等。

（五）非中心化

互联网以令人惊异的发展速度，把社会各部门、各行业乃至各国、各地区连成一个整体，形成了一个相对自由的"网络时空"。互联网是由世界上许多国家的局域网所构成的，在科学家设计互联网的前身——ARPANET（阿帕网）时，军方就要求这个网络没有中心，让信息在网络中能够自由地传播。因此，采用离散结构，不设置拥有最高权力的中央控制设备或机构，这样互联网就成了一个绝对没有中心的网络世界。从地理角度讲，互联网覆盖在整个地球表面，既没有明确的国界和地区界限，也没有开始和结束。一旦进入这个由光纤电缆和调制解调器构成的世界，用户就变成了电子化的飞速运动的"符号"。

（六）平等性

互联网作为一个自发的信息网络，它没有所有者，不从属于任何人、任何机构，甚至任何国家。因而也就没有任何人、任何机构、任何国家可以控制它。在这里没有政府机构的监督和管理，所有的用户都是自己的领导和主人，因为所有的人都拥有网络的一部分；在这里谁都没有绝对发言权，但同时谁都有发言权。这样，网民可以充分感觉到自由性以及主体之间的平等性。

二、"互联网＋"的概念及其特征

（一）"互联网＋"的概念

通俗地说，"互联网＋"就是"互联网＋各个传统行业"，但这并不是简单的两者相加，而是利用信息通信技术以及互联网平台，让互联网与传统行业进行深度融合，创造新的发展生态。它代表一种新的社会形态，即充分发挥互联网在社会资源配置中的优化和集成作用，能将互联网的创新成果深度融合于经济、社会各个领域之中，提升全社会的创新力和生产力，形成更广泛的以互联网为基础设施和实现工具的经济发展新形态。

"互联网+"代表着一种新的经济形态，它指的是依托互联网信息技术实现互联网与传统产业的联合，以优化生产要素、更新业务体系、重构商业模式等途径来完成经济转型和升级。"互联网+"计划的目的在于充分发挥互联网的优势，将互联网与传统产业深入融合，以产业升级提升经济生产力，最后实现社会财富的增加。

"互联网+"概念的中心词是互联网，它是"互联网+"计划的出发点。"互联网+"计划具体可分为两个层次的内容来表述。一方面，可以将"互联网+"概念中的文字"互联网"与符号"+"分开理解。符号"+"意为加号，即代表着添加与联合。这表明了"互联网+"计划的应用范围为互联网与其他传统产业，它是针对不同产业间发展的一项新计划，应用手段则是通过互联网与传统产业联合和深入融合的方式进行。另一方面，"互联网+"作为一个整体概念，其深层意义是通过传统产业的互联网化实现产业升级。互联网通过将开放、平等、互动等网络特性在传统产业上的运用，通过大数据的分析与整合，试图厘清供求关系，通过改造传统产业的生产方式、产业结构等来增强经济发展动力、提升效益，从而促进国民经济健康有序发展。

（二）"互联网+"的特征

"互联网+"有以下六大特征。

1. 跨界融合

"+"就是跨界，就是变革，就是开放，就是重塑融合。敢于跨界，创新的基础就更坚实；只有融合协同，群体智能才会实现，从研发到产业化的路径才会更垂直。融合本身也指身份的融合，如客户消费转化为投资、伙伴参与创新等，不一而足。

2. 创新驱动

粗放的资源驱动型增长方式早就难以为继，必须转变到创新驱动发展这条正确的道路上来，这正是互联网的特质。用所谓的互联网思维来求变、自我革命，更能发挥创新的力量。

3. 重塑结构

信息革命、经济全球化、互联网业已打破了原有的社会结构、经济结构、地缘结构、文化结构，权力、议事规则、话语权不断发生变化。"互联网+"社会治理、虚拟社会治理会是很大的突破。

4. 尊重人性

人性的光辉是推动科技进步、经济增长、社会进步、文化繁荣的最根本的力量，互联网的力量之强大最根本的来源是对人性的最大限度的尊重、对人的创造性的重视。

5. 开放生态

关于"互联网+"，生态是非常重要的特征，而生态本身就是开放的。人们推进"互联网+"，其中一个重要的目标就是把过去制约创新的环节化解掉，把孤岛式创新连接起来，研发由人性决定的市场驱动，让创业者有机会实现价值。

6. 连接一切

连接是"互联网+"的基础，互联网连接人与人、人与物、人与信息，跨界需要连接，融合需要连接，创新需要连接。连接是一种联系方式，是一种存在形态，没有连接就没有"互联网+"。连接是有层次的，可连接性是有差异的，连接的价值相差很大，但是连接一切是"互联网+"的目标。连接的基本要素包括参与者（人物、机构、平台、行业、系统等）、技术（互联网技术、物联网技术、云计算技术、大数据技术）、协议与交换、诚信与信任等。在"互联网+"时代，ID 是人们在互联网中的唯一身份识别（身份证），通过 ID 接入网络并获得服务。

三、"互联网+"的作用

"互联网+"战略的提出，表明了国家对互联网及对以互联网为引擎的新经济发展方式的高度重视，为我国企业发展、产业发展和经济发展指明了更加广阔的发展道路。这值得我们去深入认识，把握其核心内容，选准着力点并切实地加以推进。

（一）"互联网+"在经济发展中的重要作用

随着互联网从生活工具向生产要素的加速转变，互联网与其他产业的结合更加紧密。以互联网为基础的新兴业态密集涌现，互联网在经济社会发展中的地位不断提升。"互联网+"则进一步凸显了新时期、新形势下互联网在经济发展中的重要作用。

1. "互联网+"是新业态的铸造器

互联网具有渗透性强、支撑引领作用突出等特点，可与各个行业领域融合，能够不断形成新的行业形态。电子商务、互联网金融、位置服务等新业态的出现都是以互联网为依托的。随着互联网与工业、农业、服务业的结合更加紧密，未来互联网必然会铸造出更多新业态，推动各传统行业向数字化、网络化、智能化转型升级，从而推动我国经济实现转型升级。

2. "互联网+"是新消费的催化器

我国经济正进入以消费为驱动的发展阶段，互联网在催生和培育新消费需求方面的潜力与影响力越来越明显。随着互联网与经济社会各个行业领域的关系日益密切，与人们工作、生活各个层面的结合更加紧密，"互联网+"必将在个人数字化娱乐生活、工业智能化生产、现代农业升级、智慧城市建设等方面催生出巨大的消费市场，为我国经济的持续、创新发展提供强大动力。

3. "互联网+"是新模式的孵化器

以互联网为依托和纽带，能够实现涵盖技术研发、开发制造、组织管理、生产经营、市场营销等方面的全向度创新，为促进国民经济提质增效提供重要的驱动力量。特别是互联网作为纽带，能够为产业发展和经济发展创造更加良好的环境，提供更加高效的工具，进而推动创新创业活动的开展，使新理念、新模式得以实践，促使梦想变为现实。

4. "互联网+"是新经济的连接器

整合共享、跨界融合是新经济发展的重要特征和发展基础。互联网天然具有交互性特征，具有集聚和分享资源的重要功能，已使得许多行业和企业依托平台经济模式实现了创新发展。随着互联网将越来越多的行业、企业及政府与公共服务单位连接起来，我国将实现全社会创新资源与发展资源的大整合、大流通、大共享，进而推动经济发展方式发生重大变革。

（二）推动产业创新升级

1. 发展基于互联网思维的研发创新模式

我们应通过互联网搜集研发创意灵感，依托互联网平台建立用户广泛参与的协同设计（众包）模式，通过大数据、云计算深度探析市场需求，提升研发设计环节与用户需求的匹配度和精准度。同时鼓励研发具备互联网功能或与互联网紧密结合的新产品，提高产品的网络化、智能化水平，不断向价值链高端跃迁。

2. 打造基于互联网的智能化生产制造流程

我们应建构具备数字化、智能化、网络化等特征的自动化生产系统和制造执行系统，顺应制造业产业形态和生产模式变革。建设互联网工厂，打造面向大型企业的分布式智能生产系统，支持企业通过远程诊断、远程管理实现动态制造。支持企业打造开放化平台，提升供应链协同和商务协同水平，带动产业链上下游共同发展。

3. 壮大以电子商务为核心的流通服务体系

我们应加快发展涵盖信用管理、电子支付、物流配送、身份认证等关键环节的集成化电子商务服务。基于互联网、移动互联网的电子商务平台，建立全程可追溯、互联共享的产品质量追踪反馈体系，提升售后服务能力和品牌知名度。建立以电子商务为核心的供需有效接口，实现企业、客户和供应商的资源的有效整合，促进资源优化和产业链的合理化，提高资源利用水平。

4. 打造适应互联网环境的产业组织体系

我们应以具备更快反应能力、更佳运营能力、更强市场竞争能力为目标，以互联网为工具，加速推进实现企业内外部资源的有效整合，促进资源优化和产业链的合理化，提高资源的利用水平。支持企业基于互联网开发和应用远程诊断、远程管理等工具，建设跨区域的产业管理系统，打造形成互联网化的产业组织体系。

5. 建设依托互联网的产业链协同体系

我们应发挥互联网在促进产业链上下游企业紧密对接的作用，支持企业打造开放化的供应链管理平台，提升供应链协同和商务协同水平，提高产业链整体竞争能力。

（三）"互联网＋教育"的作用

1. 使教育内容持续更新、教育样式不断变化、教育评价日益多元

我国教育正进入一场基于信息技术的伟大的变革中。教育中的"互联网＋"意味着教育内容的持续更新、教育样式的不断变化、教育评价的日益多元。

"互联网＋"课程，不仅仅产生网络课程，更重要的是它让整个学校课程，从组织结构到基本内容都发生了巨大变化。正是因为具有海量资源的互联网的存在，才使得中小学各学科课程内容全面更新与拓展，使得适合中小学生的诸多前沿知识能够及时进入课堂，成为学生的精神套餐，课程内容也更艺术化、生活化。

"互联网＋"教学，使得传统的教学组织形式发生了革命性的变化。正是

因为互联网技术的发展，以先学后教为特征的翻转课堂才真正成为现实。同时，教学中的师生互动不再流于形式，通过互联网，完全突破了课堂上的时空限制。教师更多的是提供资源的链接，促进学生兴趣的激发，进行思维的引领。

2.积极推动教育产业的发展

我国教育产业一直都受到投资者的密切关注，随着教育产业的快速发展，互联网开始不断影响教育产业的发展走势，但很多的投资者还是不知道互联网在教育时代起哪些作用。

目前，我国拥有世界上最大规模的互联网用户队伍和手机用户队伍，互联网经济已成为我国经济最具活力的新鲜力量。并且国家启动的"互联网+"行动计划，将进一步推动互联网与相关产业的深度融合。互联网技术、商业模式、组织方法正在成为诸多行业的标配，并改变着劳动力市场的用人标准。现在几乎每个行业都对大学毕业生的移动应用开发能力、数字营销能力、电子商务能力、微信公众号策划能力等方面提出了要求。

可以看出，互联网经济发展和产业变革将推动高校相关专业的建设，将促使高校加快培养互联网领域的专业人才。一是把互联网、物联网、云计算、大数据、数字制造、智能制造等相关技术知识纳入高校的公共基础课程中，提高大学生的互联网知识水平。二是适应互联网产业发展的要求，加快培养市场急需的统计分析与数据挖掘、网络与信息安全、云和分布式计算、计算机制图与动画、网络架构与开发、数据工程与数据仓储、数字设计与出版、用户界面设计、社交媒体营销等专业人才。三是根据"中国制造2025"确定的十大制造领域，把互联网技术融入相关专业教学中，在高校或企业建立涵盖3D打印技术、智能家居技术、可穿戴技术、智能制造技术、物联网技术的创客中心或创客平台，引导大学生开展创新创业实践活动。

不得不承认，与互联网配合是我国高等教育改革和发展的必然选择。目前，我国大规模的在线开放课程建设、教学资源平台建设扩大了优质教育资源的受益面，使中西部地区高校学生能够参加国内外著名大学网络课程的学习；精品资源共享课、视频公开课使一大批中青年教师教学水平得到了提升；信息技术使教师更方便地开展启发式、探究式、讨论式、参与式教学，建立起以学生为中心的教学模式。

如今互联网和教育产业的不断融合，也让新的学习方法和理念开始得到肯定，因为网络具有强大的交互功能、丰富的优质学习资源，使学生在线学习不受时间、空间的限制，为学生的个性化学习创造了条件。

互联网将成为高校实施创新创业教育的平台。创新是互联网的灵魂和精神，互联网已成为"大众创业，万众创新"不可或缺的工具和平台。

第三节 互联网时代高职数学教学的新变化

近年来，以互联网技术为代表的现代信息技术在高职数学教学中广泛应用，传统教学内容以信息化的形式展现，激发了学生参与课堂教学的积极性与主动性，促进了课堂教学质量的提升，为高职院校数学教学改革提供了新的思路。伴随着国家"互联网+"战略的提出，互联网技术已经渗透到社会的方方面面。在教育领域，如何更好地发挥"互联网+"的优势，让互联网更快速、更便捷、更高效地为教育服务显得尤为重要。就高职教育而言，"互联网+教育"打破了传统的、在学校进行集中课堂授课的学习形式，学生除了通过传统的课堂教学学习知识外，还可以从互联网上获取更多的知识。因此，"互联网+"视域下，高职数学教学面临诸多变革。

一、革新教学模式

众所周知，职业院校教学活动的实施旨在为社会输送高素质的人才，满足社会行业的发展需求。在新旧交替频繁发生的今天，创新一直是一个热门话题。在教育领域，创新教学模式是广大一线教师面临的重要任务。当前，我们正处于"互联网+"背景下，在实施高职数学教学的时候，需要充分地利用信息技术资源，引导学生课前、课中、课后多样学习，建构出高效的数学课堂。

（一）线上线下教学模式

线上线下教学模式其实就是混合式教学模式，伴随着网络技术的发展，混合式教学模式逐渐在高职院校中得到应用和推广。通过将线上线下两种教学形式有机结合，可以将它们的优点充分发挥出来，最终取得更好的教学效果。然而从高职院校的数学教学来看，可以发现其中存在学生自主学习能力薄弱、学校网络教学资源有限、教师网络教学素养不足、线上线下教学缺乏配合等问题。为了解决这些问题，高职院校应当通过转变传统教学观念、与网课平台进行合作、积极开展教师培训、合理分配线上线下教学等措施，构建混合式教学模式，提升高职院校数学教学效果。

1. 构建线上线下教学模式的重要性

（1）有助于提升教学效果

传统单一的教学模式，以教师的教学讲解为主，教师在课堂上讲解题型解题思路和解题技巧，然而学生在座位上却听得满脸疑惑。这样的状况下，学生学习效率低下，对知识的接受能力不明显，接受效果也不高，这就需要教师积极探索新的教学思路和教学方式，运用学生喜闻乐见的方式，帮助学生真正地将精力投入学习当中。随着互联网技术的进步，线上线下教学模式逐渐被人们开发出来，在这一教学模式下，学生的学习效率得到极大的提升，教学活动也变得高效直接。

在线上线下教学模式下，线上教学中学生可以从网络渠道获得较为全面的高职数学知识和解题思路，因为在网络世界中知识是纷繁多样的，线下教学中教师可以帮助学生更好地对从网络渠道获得的新解题思路、新学科知识进行正确的引导和讲解，从而帮助学生快速吸收这些知识和方法。这样一种混合式的教学模式可以帮助教师提升教学效果和质量，帮助高职学生提高数学成绩。

（2）有助于促进教学体制改革

传统教学体制以教师讲解数学理论知识、学生试做练习题、教师讲解解题方法和步骤等形式开展教学工作。这一形式的教学使得学生陷入做题与学习理论二者之间的无限循环中，这就使得学生缺乏自我思考、自我总结的过程，致使学生理论知识基础较好，解题速度快，但是数学思维能力不强，缺乏数学学科的综合能力素质。

线上线下教学模式的出现，正是出于素质教育对于教学工作的反思应运而生的。互联网背景下，教师在高职数学教学的过程中要以数学思维方式认识互联网技术的发展，加深对互联网的认识。线上教学中所用到的新手段、新技术，也在不断冲击传统教学手段和方式，这就要求教师要积极转变教学思路，灵活配合线上教学形式开展教学活动。线下教学要求教师在教学过程中不能再简单按照传统思想教育学生，要真正以提升高职学生数学思维能力为导向，主动改变教学形式与方法，实现教学体制的创新。因此，互联网时代线上线下教学模式的发展，正在不断帮助教师改革教学方式，完善教学体制，以培养更加适应现代化社会的高素质高职毕业生。

（3）有助于体现学生主体地位

传统教学方式里，教学活动中教师是主角，课堂学习过程过分凸显教师教的行为，缺乏学生学的活动，学生处于从属地位，学生学习活动基本上完全由教师掌握和支配。在这一过程中就存在很大的问题。在这样的教学环境中，学生的主体地位得不到彰显，学习动力不足，学习兴趣低，严重影响学习效率。因此，教学工作必须针对这一现象进行改进。线上线下教学模式的出现，对于解决这一难题具有意想不到的积极效果。在线上线下教学模式里，教师不再占据教学活动的主体地位，线上教学活动中，学生可以自由结合自己的学习状况开展有针对性的专项学习，对自己的薄弱环节进行加强，并且可以灵活选择学习形式，线下教学中，教师也可以为学生提供有针对性的教学指导，为学生的学习情况进行矫正和指导，帮助学生高效实现学习成绩的进步。在线上线下这样一种混合式教学模式下，学生的主体地位得到彰显，有助于他们学习成绩的快速提高。

（4）有助于丰富教学形式和方法

随着信息社会互联网技术的不断发展，以线上线下教学模式为代表的新教学形式和方法正在不断涌现，这些新事物新手段的不断涌现，一是因为信息技术的不断发展促使教学形式主动发展变化，以便将更好的教学资源吸纳到教学活动中，二是因为传统教学手段在今天显得较为淡薄，对提升学生学习成绩的帮助效果有限。以线上线下教学模式为代表的新教学形式和方法的出现，其最终目的正是帮助教师更好地开展教学活动，帮助学生实现学习成绩的快速提高和综合能力素质的提升。

因此，基于互联网时代，教师应当主动吸纳这些对教学活动具有积极作用的新事物新手段，借此丰富教学方法，以求帮助学生快速提高学习效果。运用线上线下教学模式可以进行多形式的教学活动。

2. 构建线上线下教学模式的策略

（1）扎实师资保障

教师素有"人类灵魂的工程师"的称号，他们在现代教育教学体系中扮演着重要的主导者角色，既是人类文化科学知识的继承者和传播者，又是学生智力的开发者和个性的塑造者，其综合素质素养水平表现，直接影响了育人效果，其专业化建设至关重要。高职数学线上线下混合式教学模式重构，以"互联网＋教育"为导向思维，是技术与智力创新的过程，在改善教学实效方面的作用显著，对任课教师提出了更多、更高要求。具体而言，高职数学任课教师需在充分认识传统应试教育模式弊端的基础上，善用"互联网＋"思维创新，除了具备扎实的学识理论外，还应掌握一定的线上资源整合能力、开发能力、制作能力、剪辑能力等，并注重突出学生主体地位，科学引导，最大限度地释放学生的主观能动性，以进一步提升工作实效性。为此，高职院校应当树立高度的师资战略意识，摆正教师在混合式教学模式建构中的重要地位，细化岗位要求，并结合实际情况，有针对性地组织多样化的培训教研活动，及时更新教师的思想理念，丰富其学识及技能系统构成，共享学术研究动态前沿成果，搭建良好的内部交互平台，促进有效经验共享，着力提升教师的岗位适应能力，从而使之更好地支持线上线下高职数学教学改革。

同时，对于教师个体而言，亦需不断加强自主学习，与时代发展同步，了解基于云课堂的线上线下混合式教学模式建构发起的全新挑战，善于借助多种渠道，如教研培训、互联网等，增强适应能力，深入创新，从而输出更高质量的育人服务。

（2）与网课平台进行合作，丰富高职数学教学资源

现如今，各种各样的网络教学平台层出不穷，网络教学资源也越来越丰富。高职院校要想在数学教学的过程中取得良好的教学效果，同时推动线上线下混合式教学模式的建构，就必须积极与其他教学平台进行合作，补充高职院校现有的数学教学资源。在进行教学的过程中，教师要对网络教学平台中的教学资源和课件进行甄别，选择适合本院校和本专业学生学习的课程。另外，学校也要组织本校数学教研团队研发教学资源，这是因为从学校自身实际出发研究出的教学资源更贴合本校学生的学习情况。

（3）创新组织方式

传统应试教育模式下，以教师为中心，过度突出理论知识灌输，压制了学生的个性释放，与"全面发展学生"的素质教育目标相悖，实际工作实效并不尽如人意。高职数学线上线下混合式教学模式，则突出了学生的主体地位，关注他们的知识水平与能力素质的双向提升，科学的方法组织是关键，起到了事半功倍的效果。具体而言，线上线下混合式教学模态下，教师要注重重构组织流程，以翻转课堂为切入点，充分运用线上资源支持，引导学生自主预习，发布相关任务，明确该阶段的数学学习重难点，使学生做好充足的准备，带着问题参与课堂学习，从而有效提升教学效率。在此过程中，教师可将本周与数学教学相关的 PPT、微视频、实践案例等发布到云课堂上，共享给学生，由其自行安排时间学习，并加强相互间的线上交互，及时搜集学生的相关信息反馈，继而有针对性地组织课堂教学活动。

基于此，教师要对学生反馈的问题进行分类，包括普遍问题和个性问题，普遍问题可放置在课堂上集中解决，对于个性问题则可交由已经完成预习的同学来讲解，促进他们动态交互，相互成长。之后，课堂教学中要强调方法引导

创新，包括情景式教学、项目化教学等，由教师提出富有探究性趣味的话题，并借助既已建立的资源库，创设虚拟真实的情境，诱导学生协作讨论，并探寻出最佳解决方案，在潜移默化中培养他们的思维能力、创新能力、合作能力、应用能力、表达能力等，实现学生全面发展的目标。在此过程中，教师要紧密参与到学生学习活动中去，及时介入启示或指导，保证教学效率和质量。

（4）转变传统教学观念，给予学生充分的主动权

在建构高职数学线上线下教学模式的过程中，要求教师转变传统教学观念，给予学生充分的主动权。教师在教学的过程中，要逐渐改变以往的教学习惯，积极引导鼓励学生进行自主学习。如在课堂上主动向学生提问，让学生按照小组的方式进行讨论学习，还可以在线上教学的过程中，让学生充分发表自己的意见。

（5）积极开展教师培训，提升教师混的合教学能力

在建构线上线下教学模式的过程中，一定不能忽略教师的关键性作用。教师是连接学生和学习内容的桥梁，教师只有具备较高的教学能力才能取得事半功倍的效果。因此，高职院校可以积极组织数学教师进行集训，对教师的数学专业能力进行检验和提升。开展线上教学需要教师拥有较强的网络素养，如能够在教学的过程中熟练操作计算机系统等，因此要对数学教师的线上教学技能进行培训。另外，高职院校要为数学教师集中介绍各个平台的优质课程资源，使他们能够取长补短，更好地借鉴、利用网络数学教学资源。只有这样，高职院校的数学教师才能在线上线下教学模式中充分发挥自身的能力。

（6）合理分配线上线下教学，保证教学有条不紊地进行

在线上线下教学模式的构建中，教师还需要合理分配线上线下教学的时间和比例，保证数学教学活动有条不紊地开展。数学课程的实践内容相对较少，在进行课程分配时，教师要遵循线上教学为主、线下教学为辅的原则，将理论性较强和系统化的知识放在线上进行讲解，而将实践性比较强的内容放在线下教学中。这样通过线上线下相互结合的方式可以充分发挥各自的优势，从而帮助学生有效解决学习中的困难。这种混合式教学模式还有利于营造良好的学习氛围，对学生进行引导。

（7）重视课堂教学，推动教育动态的生成

在高职教学中采用线上线下教学模式，教师需要注意以下几点。首先，教师需根据线上教学情况，创建良好的学习情境，向学生布置与教学内容相关的学习主题。但是，在构建学习情境和确定学习主题的时候，教师必须有效利用师生之间的协调制度，也就是说学生可以根据自己的想法，选择适合的学习主

题，或者学生可以自己拟定主题。其次，在教学中，教师与学生之间需进行一对一的指导，并且详细记录学生在学习中遇到的难题。最后，教师需结合学生的整体表现，准确判断教学目标的具体实施情况，当学生在网络教育平台上提交疑问或者展示自己的学习成果的时候教师必须及时做出评判或者详细讲解重点知识。

（8）基于慕课背景的线上线下教学模式

慕课又被称为大规模的开放式的在线课，它是各大高校将已做好的优秀课程公开放到专门的课程平台，从而实现优质资源共享。其最大的特点是学员不需要学籍便可以免费使用在线课程；课程学习没有学员人数限制；学员的学习不受时间、地点的限制；学习资源短小精悍，便于学员利用碎片时间观看。如果课程学习全部按时完成，则可参与考试，获取该门课的学习结业证书。

慕课的授课方式是将短视频、声像、动画等相结合，融入课堂教学之中，这样的授课方式能更好地提高学生的学习质量。传统的数学授课方式主要以教师讲授为主，教师在讲授过程中不能因为某些学生基础好、理解得快，就加快授课速度；也不能因为某些学生基础差、听讲困难而放慢授课速度。而在接受线上授课时，学生可以根据自身情况来安排学习进度，对不理解的内容或听不懂的知识概念可以利用视频播放的暂停、回退和重放等功能，自行掌控学习节奏，从而有充足的反复思考时间。在观看过程中，如果出现极难理解的问题，看了多遍不理解，学生可以把它记录下来，线下找教师或学生共同探讨，所以这样的教学模式有助于解决学生难以理解的问题。线上授课不受时间和地点的局限，学生完全可以利用自己的业余时间随时随地进行学习，这种授课方式给学生带来了全新的体验。

1）线上教学

线上学习由提前公告、线上自学（视频、课件和随堂测验）、模块考核、在线讨论和期末考试五部分构成，学习内容由教师根据教学进度以周为单位来安排，学习时间每周至少60分钟。

第一，查看公告。每周教师都会将学生自学的内容以视频、课件和测试题的形式提前上传至教学平台中，并发布学习公告，提醒学生观看学习。

第二，线上自学。学生接到公告后可先自主观看并学习已上传的视频、课件等资源。学生可以反复观看和学习，直至将知识点充分掌握。

第三，模块考核。学生自学完一个模块的内容后，将进入模块考核部分。通过模块考核，学生可以实现对所学知识的巩固和强化，也可以考察自己对知识点的掌握情况，同时发现自身学习中存在的问题并及时解决。

第四，在线讨论。在线讨论分为答疑解惑和每章话题两部分，学生需在互动交流区的"答疑解惑"中针对本次的学习任务提问并参与讨论，教师也将会出现在讨论区中，对学生的提问与讨论情况进行总结和归纳，并在答疑区对学生提出的问题进行答疑和点评。这样既增强了学生和学生之间的沟通交流，也给他们搭建了一个互相学习的平台，同时也增强了师生之间的互动。

第五，参加期末考试。线上教学完成之后，教师根据学生成绩评定办法对学生的成绩进行统计，在线成绩由视频观看（30%）、模块考核（20%）、在线讨论（30%）和期末考试（20%）四部分构成。

2）线下教学

线下教学由学习反馈、课堂答疑和知识点应用三部分构成，学习内容涉及的知识点与线上知识点一致，学习时间每周4课时。线下教学以翻转课堂的模式为主，通过自学、讨论和应用实现对知识的融会贯通。在线下的课堂中以学生线上自学内容为对象，重点考察学生的线上学习情况以及存在的问题，教师不再对知识点做详细讲解，只以小组团队的形式采用问题驱动、角色互换、小组讨论等教学方法引导学生学习，实现答疑解惑的目的，同时引导学生学会应用知识解决实际问题。

线下教学完成之后，教师同样对学生进行考评，线下成绩由小组参与度（20%）、自学效果反馈（20%）、课堂表现（20%）和小论文（40%）四部分构成。

3）线上线下教学相结合

线上教学是自学，线下教学是互动与应用，两者涉及的知识点相同，但却相互补益，相互促进。线上线下教学的相结合，使得教师成为课堂的指导者而非内容的传递者，这样教师可以观察到学生与学生之间的互动，让学生彼此帮助，相互借鉴，从而提升学生的自主学习能力、自我表达能力和批判思维能力。

总之，在最终的评价中，若学生只参加了线上学习，则线上成绩为最终成绩，若学生既参加线上学习，又参加线下学习，则最终成绩＝线上成绩（50%）+线下成绩（50%）。

（9）创建线上线下教学质量监控措施

传统的课程评价一般是学生成绩完全由一张考卷来决定，而线上线下混合式教学主要对三部分进行考核。

第一部分主要是对理论基础（线上部分）进行考核，分为笔试和作业两个部分，教师可根据学生作业提交及作业完成质量等情况，给予学生合理的分数，占总分数的15%；笔试考核也是通过线上进行的，教师可依据学生线上学习进度、知识掌握程度、线上作业的完成情况、线上回答问题的参与度和准确度，对学生的线上学习进行全面考核，最终确定学生线上学习效果，占总分数的 40%。

第二部分主要是对理论实践（线下部分）进行考核，这部分成绩考核主要由学生所在的实践部门来完成，根据学生在实践中的表现、掌握知识的水平及工作态度进行综合评定，占总分数的 30%。

第三部分主要是对理论和实践的综合考核，这部分成绩考核由学生和教师共同完成，每位学习者同时扮演教师和学生双重角色；学生根据线上所学的书本知识和生产实践当中所遇到的问题及其处理意见和解决的途径写成书面报告，每人汇报 10 分钟，教师和学生根据汇报者汇报的内容，给予恰当的评价，占总分数的 15%。

（10）基于蓝墨云班课的线上线下教学模式

蓝墨云班课是一款免费的课堂互动教学 App，融入了人工智能技术的智能教学工具。蓝墨云班课以教师在云端创建的班群和班课空间为基础，通过移动设备终端为学生提供课程订阅服务以及课件、视频、音频等资源，推送作业、考试信息，提供用于讨论交流的语音互动服务，以及用于意见反馈和对教师的教学行为进行评价的问卷调查服务。蓝墨云班课平台可跟踪学生的学习进度、记录学生的学习轨迹，并对学生的学习情况进行自动评价。这种教学模式有利于激发学生利用移动设备终端进行学习的热情，提高师生之间、生生之间互动的频率和效率，实现教学中的即时互动、即时反馈和评价。

蓝墨云班课教学平台为高职数学教学提供了与互联网融合的新方案，让互联网走进课堂，运用科技化的手段帮助学生学习数学，有利于解决当代高职学生"低头族""手机控"的问题。教师要对该种模式的课程教学情况进行适当的设计，不能固封思想，依旧采取单一的教学模式，而应根据时代新需求大胆变革，找到适合学生的学习模式以及符合时代背景的数学教学方法。

1）课前自学阶段

课前，教师在"资源"栏目上发布下一次课程的教学任务，学生可在课前进行下载并自学。任务单的设计必须与学习目标保持一致，应该从满足学习者个性需求、激发学习动机、完成学习任务的可行性等多个方面分层次设计。教师上传教学视频、PPT 等资料至班课资源完成知识的传授，视频资料可以是自行录制的微课，也可以是现有资源的二次开发或组合，或是相关网站链接。设计自测题或开放式问题主要用于检验和评价学习效果，自测题采用选择题的形式，由学生独立完成，3 题即可（2 低 1 高，注明类型）；开放式问题形式不固定，由学习团队小组合作完成，如学习笔记（如总结函数的单调性教学内容，300

字左右，复习提纲、思维导图、关键词、学习心得等形式均可）。教师设置交流讨论的平台，如学习讨论区、课前答疑区等为学生提供及时的学习反馈，帮助学生及时解决学习中的问题。

对于上述资料，教师至少应在新课开始前三天上传至蓝墨云班课。教师在学生课前自学过程中应给予指导与激励，制定评分标准，对学生完成情况及时评价与反馈，为课堂学习提供支持。

2）课中教学阶段

第一，课堂签到。一直以来，高职院校里出现迟到、早退及旷课的现象是非常严重的，而一般高职院校的数学课都是合班课，人数较多，如果采用传统的点名方式的话，不仅费时费力还有可能出现冒名顶替的现象。而蓝墨云班课中的"签到"功能正好弥补了传统点名的不足，蓝墨云班课的"签到"有"一键签到"和"手势签到"两种方式，都可在几秒内完成整个班级学生的签到，这种签到方式不仅省时省力且具有趣味性，并能够有效地避免传统签到方式中冒名顶替现象的发生。

第二，课堂教学。传统的课堂教学是教师按照自己预先准备好的教案讲解，学生被动接受。这种教学方式导致教师教得很累，学生学得也很累，且效果不佳。而蓝墨云班课的强大功能使教师与学生的互动变得更具即时性、便捷性，线上与线下无缝衔接。首先，教师根据学生的预习情况及预习反馈，有侧重地进行讲解，然后利用蓝墨云班课的"摇一摇"或"抢答"功能，随机抽取学生回答问题以检验学生对知识点的掌握情况。"摇一摇"及"抢答"功能增加了师生互动的趣味性，学生的参与度更高。然后，教师对本次课的教学内容进行补充完善，在此期间学生可通过蓝墨云班课的"课堂表现"参与到教学活动中，"课堂表现"功能有四个活动模块，分别为举手、抢答、选人和小组评价。

3）课后总结阶段

教师可以通过蓝墨云班课教学平台发布课后作业，布置课后作业后，可及时检查学生的完成情况，对重点内容进行分析，并对重难点进行不同程度的解释，针对特殊情况、特殊内容，进行特殊讲解。个别理解能力较差的学生，教师应按照不同的方式给予相应的重视，保证每一位学生对数学知识掌握程度的完整性，从而提高数学教学质量，提高学生学习数学的积极性。同时，即时分析并反馈互动有效教学诊断数据，反映学生学习行为。蓝墨云班课中，师生可以用文字即时互动，开展的云班课活动应该即时导出教学诊断数据（教学报告和经验值），即时反映学习行为，并视学生学习情况，了解课程教学的难易程度是否合适，又需要做哪些方面的改进和优化调整等。教师利用蓝墨云班课的即时统计反馈功能，了解学生的课前学习、问题生成情况，以及课中讨论、课堂练习、课堂小测的完成情况。其间，根据课后作业、拓展学习情况，有针对性地收集课前问题，为开展有针对性的数学教学提供依据，真正实现高效教学。

总之，在运用该平台的过程中，教师需要具备一定的知识规划以及引导能力，让学生尽快适用该平台的特点，达到教学相长的目的。

当然，蓝墨云班课平台在功能上也有不足之处。由于校园网络不稳定、学生手机流量不充足、移动网速慢等，学生不能查看上传的资源、不能签到、不能参加云班课活动等现象经常出现。手机质量好坏、内存大小、流量多少、电量是否充足等都会影响学生参加云班课活动，由此可能出现手机成为学生新型的攀比物的情况。以上诸多因素都会影响学生经验值的获取，但单一地用经验值评价学生成绩的做法并不合理。因此，高职院校应该创建良好的网络环境，提高移动学习效率。

教学实践表明，将线上线下混合式教学模式应用到职业院校数学类课程教学中是可行的。混合式教学模式改变了传统教学模式的弊端，提高了学生的学习主动性和学习兴趣；简化了教师的工作难度，将知识内容体系进行有机整合、分类，能帮助教师更好地完成教学任务，教师不再只是知识的传授者，而是将学习的主动权还给了学生。线下传统课堂教学是线上教学发展的基础，线上教学是线下教学的拓展和延伸，两者相辅相成。线上线下混合式教学模式还需要在实践中不断探索与优化，以期能促进高职数学教学的发展。

（二）"Soft+"嵌入模式

"Soft+"嵌入模式即利用计算机软件对数学问题进行辅助教学的模式。该模式的特点是简单易用，便于嵌入课程教学。在许多抽象的数学知识的教学中，"Soft+"嵌入模式通过仿真和形象的模拟，能给予学生直观的感受，更有益于提高学生的学习兴趣和学习效果。

"Soft+"嵌入模式的典型应用为四原则混合教学模式。

1. 启发性原则

建构主义告诉我们，学习的过程就是学生知识体系重构的过程，而启发式教学更有助于提高和调动学生学习的积极性。教师应学会引导学生不断发现问题、分析问题和解决问题。如预测函数图像的特点和变化，验证猜测和正确结果的一致性，这也从另一个侧面加强了学生的探索欲望和创造性，从而有效增强了学生的实践体悟能力。

2. 主体性原则

教师的教和学生的学是整个教学过程的一体两面。教师应该围绕学生兴趣，结合课程实例，开展"饶有兴趣"的以学生学为主线和主体的系列教学活动。学生不仅要看教师展示，更要身体力行，在对 Soft 的实践操作中完成对知识的深层次的理解和感悟。

3. 复用性原则

复用是指使学生保留传统的手绘图像技巧，并在此基础上熟练掌握"电脑" Soft 绘图的方法。将抽象和直观双重路径都走一遍，更有利于学生对知识的理解和掌握。学生将 Soft 绘制的函数图像和手绘的图像做镜像比对，从而找到区别，完善解题思路，扩展知识领域，对所学知识进行有效升华和提高。

4. 实例性原则

运用好 soft 解决数学问题的最佳途径就是"实战演练"。

（三）翻转课堂教学模式

在教育教学中，努力促进现代信息技术与学科教学的整合，鼓励教师充分利用现代信息技术激发学生的学习兴趣，提高教育教学质量；鼓励学生利用现代信息技术手段进行拓展探索学习，为贯彻落实这个战略性规划，教育部特别对职业教育颁布了《教育部关于加快推进职业教育信息化发展的意见》，提出"要把信息技术创新应用作为改革和发展职业教育的关键基础和战略支撑，以先进教育技术改造传统教育教学，以信息化促进职业教育的现代化"。随着新理念、新技术的不断涌现，现代信息技术与学科课程整合日渐深入，同时引领着教学模式的不断创新。在美国，翻转课堂教学模式在信息技术的支持下日益流行，由此引起我国教育工作者的高度重视，也为我国教学模式的创新提供了新的思路。

翻转课堂是指重新调整课堂内外的时间，在课前学生通过教师提供的微课视频、课件及相关电子书等资料自主完成基础知识学习，而课堂则变成教师和学生交流、答疑、解决应用案例的场所。这种教学模式的出现正弥补了传统高职数学教学模式的缺陷，完全符合高职数学对教学的要求。

1. 翻转课堂教学模式运用的可行性

下面从课程内容、信息技术、学生、教师四个方面全面分析高职院校开展数学翻转课堂的可行性。

（1）课程内容方面

数学课程的知识点相对明确清晰，学习步骤较易掌控。在翻转课堂教学模式中，教师将重点、难点等内容，通过视频等学习资料，提前传递给学生，借助多媒体技术和网络技术，让学生在课前获取信息，对概念形成正确的认识，而在课堂上学生有足够的时间进行深化学习，利用课前掌握的概念解决教师提出的问题，发表自己的观点，有利于知识的建构和长时间的保持。

在职业学校，数学课程一般两节连上，学习内容相对较多，学生课堂学习负担较重。课下作业困难较多，没有教师及时辅导解决，则达不到巩固知识的目的。开展翻转课堂，主要是为了减轻学生在课堂上的认知负荷，同时通过开展个人的、小组的、集体的以及多种形式相互融合的学习活动让教学内容、学习资源更加紧密联系学生实际生活，使学生在学习的同时开阔视野，有利于学生探究合作能力的培养以及信息素养的提升，从而有利于促进学生的全面发展。师生之间的互动反馈有利于产生积极的学习。

（2）信息技术方面

借助学生熟悉的 QQ 群作为翻转课堂教学的互动平台，学生易于接受，参与度较高。目前无论是在教学区还是宿舍区，有线无线网络都已覆盖，为学生的学习创造了网络条件。

开放的网络资源十分丰富，为学生和教师提供很多素材，如国内的网易公开课、超星视频、国家精品课程等网络资源，国外的 TED-Ed 等优质视频，可以直接下载或进行整合。

（3）学生方面

首先，职业学校学生自主学习时间较充裕，学生相对可以灵活安排学习时间。据调查，职业学校学生每天上课的课时数一般不超过 6 节，3 门课，作业量并不多，而且好多课程作业并不需要第二天就完成上交。因此，学生的课余时间相对中学生更加宽裕。

其次，学校在一年级开设"计算机应用基础"课程，学生基本能熟练操作计算机以及一些常用的办公软件，如 Word、Excel、PPT 等。所有的学生都有 QQ，班级会建立班级群，学生熟悉群操作。可见，学生具备进行网络学习的基本条件。

最后，职业学校更注重学生能力的培养，因此无论是专业课程学习还是日常班级活动，学生的信息搜集、协作、组织能力都得到了一定的培养，学生熟悉课前准备、课堂展示的形式，这更加有利于实施数学课程的翻转教学。

（4）教师方面

教师具备基本的信息技术技能，他们能够制作简单的课件，进行课堂教学活动；能够通过网络获取信息和传递信息，熟悉网络工具的使用，如QQ、微信、微博、电子邮箱等。学校很重视教师信息技术能力的培养，组织各类培训提高教师应用现代技术的能力，以及信息技术与课程整合的能力。

不可否认，翻转课堂对于教师的信息技术素养是一个全新的尝试和挑战。首先，翻转课堂教学对教师的专业知识、教育学相关理论知识等方面提出了更高要求，考验教师的综合能力。教师不但要在课堂上深入浅出地讲述要点，在准备课前学习资料时，也需要自己制作微视频向学生讲授相关知识，这对教师的语言表达能力又是一次考验。而且视频制作要求教师不能照本宣科，需用抑扬顿挫、充满活力、条理清晰的语言，以及具有代表性、生动鲜活的例子来吸引学生，从而能够在短时间内传递知识。其次，课前和课堂活动中由于存在着很大的不可预知因素，因而对于教师的组织管理能力以及教育机制也是一种考验，教师要及时针对学生所遇到的不同问题进行教学流程的调整，同时与以往课堂教学的不同之处在于，教师还要兼顾学生课前网络在线学习环境的组织和管理。

2.翻转课堂教学模式实施过程中的问题

（1）教师层面

一方面，教师具备这样的能力吗？教师除了面对信息化教学技能的挑战，信息的处理、加工以及微课制作外，工作量极大也有很大的挑战性。就作者而言，做这些事情，很多时候都达不到自己想要的理想状态，尤其是微课的制作，难度很大。高职院校的教师在信息化教学技能方面大多都需要进行进一步的培训，结合全国微课大赛职业组，就可以明显地感觉到制作优质微课对教师而言是很难的。

另一方面，教师具备这样的动力吗？教师对于传统教学早已成为习惯，而对于新的教学方式，一时难以适应，最主要是翻转课堂教学要想出效果，需要大量的精力付出，需要认真细致备课，教师缺乏这种动力，尤其是在职业院校这种教学氛围下，教师无竞争，没有教学目标压力，改革的动力不足。翻转课堂教学的推行，需要激励，需要动力去推动。

（2）学生层面

一方面，课程能不能吸引学生去看？高职学生缺乏在网上学习的习惯，他们可以上网看小说、看新闻、看视频、打游戏，但对在网上学习兴趣不高。翻转课堂教学成功的关键在于大量优质的微课资源，这些资源设计要有吸引力、内容编排要新颖且富原创性，这样才能吸引学生去看。

另一方面，学生能不能自主去学习？职业院校的学生对数学的学习缺乏热情，缺乏主动性。其一，翻转课堂教学这种模式需要学生利用课余时间去主动学习，学生能不能做到？其二，高职学生长期形成的习惯是，上课等着点名，考前冲刺一下，而翻转课堂教学形式，最不易接受的就是学生。怎样引导学生去配合这是个现实的问题。怎样引导学生自主地进行微课学习需要教师进行更多的研究。

（3）学校层面

一方面是硬件条件。现今职业院校具备大部分信息化条件，比如校园服务器每个宿舍都有上网的端口，还有学校的网络机房等，但需要整合、调试。另一方面是软性条件。如最主要领导的管理理念、教学理念、评价理念、改革意识是否能充分理解并支持翻转课堂教学的实施，领导能不能理解并推动翻转课堂教学，领导能不能改变对教师的评价方式等。

近年来，翻转课堂在高职数学课堂教学实施过程中面临着不同的声音。作者在尝试进行翻转课堂教学时和部分教师进行了访谈，对部分不同的典型想法进行了汇总。

有的教师很欣赏翻转课堂教学模式，因为它能够提供个别化教学，并且使得学生成为更加独立的学习者。对比于传统的"填鸭式"教学，这种课堂教学太自由了，但是细想来，因为学生在课堂上学习一个小时，还要在课堂外利用一小时来学习教学材料，如果每个课堂都使用这种模式，学生将无法完成额外的作业。作者认为，关于时间的问题在职业院校还是可以解决的，职业院校教学弹性比较大，教学时间可以压缩，学生自主学习的部分时间可以放在课堂上。

还有部分教师认为，如果作为一线教师，并不在乎课堂是否翻转课堂，也不在乎"先进"的教学模式，而是更关注如何把课上好，如何把课堂控制好，如何让学生喜欢学习，如何把知识有效内化。而且，学校对教师的考评也没有关于这方面的，学校评的优质课也是讲课。所以，他们对这类教学改革没有参与的积极性。作者认为，现在职业院校的基础课教师大多科研进取心不强，教学改革动力不足。

3. 翻转课堂教学模式与传统课堂教学模式的比较

作者分别对传统教学模式下以及翻转课堂教学模式下课堂及学生学习情况进行了观察和记录，认为可以从以下几个相关的维度对它们之间的异同进行分析。

（1）课堂互动效果

有效的课堂互动体现在足够的互动数量和高品质的互动质量上，互动的质量由学生的主动性大小、互动的内容是否有助于知识的理解和升华等情况决定。

传统课堂中，师生互动、生生互动都较少，知识讲授时绝大部分都是师生互动，偶尔开展小组讨论，但效果并不明显，学生的发言大多是被动的，只有少数数学学习程度较好的学生能够在每次教师提问后主动发言，课堂互动的数量很少，质量也不高，整节课往往是教师灌输知识，学生被动发言，互动往往是为了提高学生对课堂的注意力，提醒学生跟上教师讲课的节奏。

在翻转课堂教学模式中，课前师生会在翻转课堂的QQ群里进行交流，学生会将自己学习过程中的困惑和疑问反馈给教师，教师会一一给予回答指导。课中的知识竞答活动完全是师生、生生的主动交流互动，每一个回答都是学生主动积极发言，师生互动的数量和质量都很高；小组合作探究时，不仅有小组内部的生生交流，小组与小组之间的互动交流也能让学生更好地把自己掌握的知识与他人的知识进行碰撞和升华，大大提高了学生对于数学知识的理解。

（2）课堂教学氛围

在前期的传统教学模式下的课堂中，学生注意力不集中，会出现玩手机、睡觉等不良现象，课堂学习氛围较差，思维能够跟上教师讲课节奏的学生大约占总人数的一半，课堂气氛比较沉闷，没有活力，学生的学习兴趣没有被充分调动起来。

在实验中，作者通过观察发现，学生因为从被动学习变为主动探究，所以学习兴趣被调动了起来，对数学学习的热情很高涨，有80%的学生整节课都可以跟着教师的节奏调动自己的思维，注意力很集中，师生间的交流也更积极活泼，学生在愉悦中探究内化知识，并在摸索中获得成功的喜悦。

（3）学生知识掌握情况

学生对知识的掌握，必须通过某些环节，这样才能将知识转变为自己的认知结构的一部分。在前期的传统教学模式下，学生课前基本不进行预习，课上教师直接讲授知识点，然后布置课下作业，课上学生被动学习，课下学生自己通过做题进行知识的内化和吸收，效果相对较差，比较容易出现的问题是，学生对知识的记忆只是暂时的，理解内化和应用吸收的过程并未奏效，往往大部分学生只是在被动状态下完成了课堂上的知识学习，其余环节都是无效的，所以学生对知识的掌握情况不是很理想。

在实验中，课前学生自主学习教师指定的学习资源，在学习过程中与教师、同学实时沟通，课上主动探究，进行小组合作交流学习，完成理解内化和应用吸收两个过程的内容，课下教师还会布置拓展任务，鉴于学生的自觉性，一部分学生不会完成课后的拓展，但是课堂活动已经足够让他们将所学知识变成自己知识结构的一部分。

（4）学生对课堂的喜爱程度

通过问卷和访谈得知，大部分学生都能够接受翻转课堂的教学模式，并且一部分学生认为自己的数学学习潜力在翻转课堂上更能够得到发挥，几乎全部学生认为，进入了翻转课堂教学模式后，自己更喜欢上数学课了，并且在课堂上也更愿意参与到活动中去，因为"上数学课就像是在做游戏"。还有的学生表示，希望课堂活动能够设计出更多有趣的游戏，认为"在做游戏中学到数学知识真是一种奇妙的体验"。

4.翻转课堂教学模式在高职数学课堂中的运用

（1）课前设计

课前设计是翻转课堂教学模式应用的基本前提，如教学定积分的概念时，授课对象为某高职院校计算机相关专业一年级学生。根据原有教学经验，学生已经具备函数极限及不定积分等方面的知识，师生群体能够通过统一的授课平台进行教学资源的传递与交流，学生能够运用手机应用程序开展自学。为方便学生开展自学，教师提前进行教学视频和课件制作，主要制作内容包括定积分概念导入、定积分几何意义及应用两个重要部分，此外还包括教学引申和应用思考两个提升部分。另外，教师应把单段学习时间控制在20分钟以内，方便学生进行碎片化学习。

（2）课中设计

翻转课堂教学模式的应用重心在于学生的课前学习，对学习效果的准确评定却在课中设计。为方便师生进行课堂交流，课中设计被简化为四个环节：疑问、讨论、解答、提升。疑问环节设计用时较短，一般为5分钟左右，由小组组长提前将小组内出现的共性问题进行总结，各小组重复出现的问题不必申述，减少时间浪费。在小组讨论环节可以由理解能力较好的同学进行重点阐述，教师对讨论效果较差的小组进行重点指导，在指导过程中要注意时间的控制，为后续解答环节留出足够的时间。讨论环节开展的目的不是最终解决学习过程中存在的问题，而是通过讨论找出解决问题的多种途径，培养学生的发散性思维，同时也培养学生的团队合作精神。解答环节对教师的课堂掌控能力具有较高的要求，在准备环节中，教师要重点设计出各个不同知识点的解答方式。

（3）课后设计

课后设计是在教学平台上进行作业布置，教师在平台上进行批阅。由于定积分的应用领域比较广泛，在实际设计过程中，教师应分别结合该专业的相关内容进行设计，同时也要求学生能够结合自身的学习情况，将专业知识与定积分的学习内容充分结合起来，采用更加详述的方式表达出来，作为课后考核的重点内容，从而为学生应用型能力的提升做好铺垫。

（4）学习评价

在讲解完有关内容后，数学教师要帮助高职学生巩固课堂所学的数学知识，锻炼他们实际运用数学知识的能力。同时，教师要积极组织课后训练活动，鼓励学生联系课堂所学知识，并围绕自己比较感兴趣的问题进行拓展。不仅如此，数学教师还需要重点关注对学生的评价，调动学生学习数学的积极性，优化课堂教学效果，提高学生的课堂参与度。另外，教师还要适当调整教学评价体系，如把平时成绩的比例提升到40%，平时成绩的考核内容包括课前自主预习、课上讨论与课后拓展练习等环节中的表现。

为了凸显评价体系的公平性与公正性，在评价期间，一方面，数学教师要留意学生完成书面任务的情况；另一方面，教师要把学生在课堂上的行为表现纳入评价体系，根据学生在课堂上回答提问的主动性和答案的正确率，对学生进行客观、公正的评价。

5.高职数学翻转课堂教学模式的运用案例

（1）《分部积分法》翻转课堂教学案例

以学生学习数学课程中的分部积分法为例。在开始上课之前教师要先对学生布置四项学习任务。

第一，课本上的积分公式、函数求导法则要熟练掌握及运用。不定积分的三种积分方法及运用范围要进行总结和整理。

第二，观看微课视频《分部积分法》并完成相应的练习题。视频共15分钟，包括分部积分公式、经典应用举例和课堂练习三个部分。学生在观看完教学视频后，要了解分部积分法的教学内容，并掌握分部积分法的原理和积分技巧。课堂练习分为五小题，包括两道理论知识考查题、三道计算题，它们的作用是对视频内容进行巩固。

第三，数学基础较好和分部积分法掌握较快的学生可以完成教师布置的附加题，保证班级内有一部分学生数学成绩较为突出。

第四，教师将班级内的学生五人一组分为若干个小组，选出成绩较为优异的学生作为小组长。小组成员学生在进行课前学习之后，将自己的学习情况记录下来，包括在学习过程中还有疑惑的地方、理解过程中感觉有难度的地方以及课堂上练习习题的正确率，再交给小组长，小组长确认没有遗漏后再反馈给教师。

完成课前准备后就可以开展课堂教学了，课堂教学分为以下五个部分。

第一，对理论知识进行复习，学生通过自学掌握的理论知识可以在教师的带领下通过 PPT 或视频进行复习巩固。

第二，答疑解难。教师带领学生思考和讨论总结出来的问题，对这些问题进行详细的讲解后，再引申一些经典具体的例题。

第三，课堂小结。对这节课所学内容重新梳理一遍。教师带领学生整理出分部积分法的原理和积分技巧，并对某些积分特例通过讲解附加题进行拓展讲解。

第四，让学生完成随堂测试，两道小题，两道大题，共 15 分钟。

第五，在小组内对这节课所学的知识进行讨论，如果教师讲解还有遗漏的地方可以提出，掌握情况较好的学生可以帮助学习进度落后的学生完成对知识的掌握和理解。

最后为教学反思部分。分部积分法的积分原理和技巧并不难掌握，但是在传统的教学模式下，学生很难长期集中注意力听教师讲课，导致教学效果不够理想。基于微课的翻转课堂模式，让学生通过观看微课视频对分部积分法进行预习，提高了课堂教学的效率，也为教师节约出更多的时间用于对重难点和拓展部分的讲解，保证了教师与学生之间有足够的互动，提高了课堂教学效果。

（2）《复数及其应用》翻转课堂教学案例

这节课主要是介绍数系的扩充和引入复数以及复数的相关概念。数系扩充的过程体现了数学的发现和创造的过程，同时也体现了数学发生发展的客观需求和背景。

本节课的重点是在回顾数系扩充的过程时，通过问题情境，引出认知冲突，从而引入虚数，建立复数的概念，帮助学生建立新的认知结构，并通过对复数的分类讨论，进一步完善数的概念。

本节课的难点是虚数单位 i 的引入，对于负数不能开平方这个结论已在学生心中成定论，虚数单位 i 的引入会引起学生认知的冲突，容易产生排斥的心理。

针对本课重点，教师提供视频，从讲述数学小故事开始，引出虚数，让学生能够从实际出发认识到数系扩充的需要，以及引入虚数的意义，接受虚数单位 i，从而解决本课难点。

第一，设计课前学习任务单。

认真观看学习视频《数系的扩充和复数的引入》，视频中的问题认真思考后写下你的想法，每小题 5 分。

①人们为什么要不断扩充数系？

②数系是怎样扩充的？

③扩充前后的数集之间有何关系？

④现在数集之间的关系是怎样的？

⑤方程 $x^2+1=0$ 在复数集内的解是什么？

⑥方程 $x^2-10x+40=0$ 如何求解？

结合视频，学习课本知识，完成课前自测题，每题10分。

①下列各数中，哪些是复数，哪些是实数，哪些是虚数，哪些是纯虚数？

$7-\sqrt{5}\,i$，$-3i$，$9-2\sqrt{7}$，6，$\sqrt{2}\,i$，i，$\dfrac{1+\sqrt{3}}{2}$，i^2

②指出下列复数的实部和虚部。

$\dfrac{1}{2}+i$，$-6i$，$\dfrac{1}{2}-4i$，$\sqrt{5}$

③求下列等式中的实数 a、b 的值：

$2a+bi=1-3i$，$a+bi=2$

学有余力的同学完成附加题，尝试总结复数的各类型成立的条件，此题附加10分。

当实数 m 取什么值时，复数 $(m+1)+(m-6)i$ 分别是实数、虚数、纯虚数？

根据学习情况提出存在的问题，在讨论群中交流。

在学生课前自测题中，对复数 i^2 的类别判断，错误率较高，可见学生对于 i 的含义不能完全理解，在课前的讨论中，对 i 的讨论也是较多的，突破了这个难点，后续的问题也就很好掌握了。课堂上，教师根据课前学习情况，对 i 的含义做进一步说明。

第二，课堂协作探索。课堂学习任务单如下：

①针对课前学生对视频中问题的回答、完成的课前自测题情况进行讲评，同时进行一些知识点的提问，特别是针对学生课前学习后所提的问题。

②课堂小测试，每题10分。

a. 写出下列复数的实部和虚部，并判断哪些是实数，哪些是虚数，哪些是纯虚数？

$5-3i$，$-2i$，$7+(\sqrt{5}-2)i$，$2+\sqrt{3}$，$i\sin\pi$

b. 写出下列负数的平方根。

-1，-4，-15

③由课前完成附加题的学生进行分析讲解附加题，并给予加 10 分，然后同类型题目进行课堂练习，每题 10 分。

a. 当实数 m 取什么值时，复数 $(m+7)+(m+9)i$ 分别是实数、虚数、纯虚数？

b. 当实数 m 取什么值时，复数 $m(m-1)+(m-1)i$ 分别是实数、虚数、纯虚数？

④学生进行本节知识点总结，谈谈自己的收获及还存在的问题。

⑤进行学习过程的自我评价。

本节课通过视频中的小故事，几个层层递进的问题，由问题链帮助学生完成数系的扩充，自然而然地引入虚数。课堂上主要对虚数单位 i 的意义做进一步举例说明，促使学生完善复数概念。通过课前的自测和附加题，学生已明确本节课的教学目标，附加题的设计满足了不同层次学生的需求。课堂上由学生讲评题目，不但鼓励了这部分学生，对其他同学也具有促进作用，可以提高学生学习的积极性，从而提高课堂教学效率。

6. 高职数学翻转课堂教学模式的实施建议

翻转课堂教学模式在高职数学中的科学应用，不仅在一定程度上提高了学生的学习成绩，对学生能力提高也有很大帮助。作者通过与学生座谈了解到，90% 的学生表达了对新教学模式的欢迎，究其原因主要有以下几个方面。第一，针对不同课型选择不同的教学模式，因材施教，保证学生掌握每一堂课知识。第二，改变了传统教学模式中以教师为主体的教学理念，学生真正加入教学中来，培养了自学能力。第三，案例教学法贯穿于翻转课堂的整个教学过程，数学概念由专业案例引入，学完数学知识后又回到专业案例的解决上，明确了学生的学习目标，提高了学生的应用能力与创新能力。第四，微课、课件等资源短小精悍，内容丰富，不仅包括知识点，还有数学史和基础知识复习等内容。第五，新教学模式增加了教师与学生交流的时间，学生对于知识的学习不仅限于课上，还可利用课下的碎片化时间，随时随地反复学习，有问题了还可以通过 QQ、微信等向教师请教，这就解决了传统教学模式中高职数学课时少、课上内容多讲不完的问题。因此，高职数学教师可从以下几个方面着手改进数学教学模式的运用方式。

（1）教学方法选择要恰当

高职数学的教学方法不能过于单一，教师要创新课堂教学的形式，采取灵活有效的教学方法。教学方法是否得当、思想是否新颖，直接关系到学生的学习兴趣、关系到师生的互动程度、关系到整个教学活动的效果。在翻转课堂的教学中，教师应以学生为主体，把握学生的个性特点，多采取项目教学法、案例教学法、情境教学法、问题探究教学法、分组讨论法等，而且要精讲多练。

（2）教学情境设计要有效

翻转课堂实际上也是教师角色的转换，教师要充当学习情境设计者的角色，把课堂教学情境设置好，营造互动的氛围，突出学生的主体地位，这样才能使翻转课堂的教学效果更突显。

（3）教学素材选取要切合专业实践

数学的概念、公式和方法都比较抽象，趣味性不足，对学生而言数学学习是比较枯燥的。因此，教师课前对内容素材的选取要切合学生所学专业，要把数学知识和实际生活中的实物有机联系起来，主要是激发学生的学习热情，以便使学生更好更快地理解掌握数学知识。例如，对于经济管理类的专业，在数列的教学中，可以引入银行贷款或存款利息的计算问题；在函数求导的教学中，可以引入经济学中的边际利润问题。对于畜牧类的专业，在线性规划教学中，可以引入饲料配方问题来进行讲解；在矩阵教学中，可引入农业技术的综合评价问题。对于工科类的专业，在定积分教学中可以引入交流电的有效值问题；在讲授导数应用时，可以引入发动机的效率、输出功率、刹车测试等问题。在高职数学翻转课堂教学中引入以上类似问题的素材，不但可以激发学生学习兴趣和提升学生主动探究的能力，还可以提高数学理论与专业实践相结合的程度。

（4）教学视频创作要新颖

微视频是高职数学翻转课堂教学的重要组成部分，好的教学视频可以吸引学生的注意力并激发学习兴趣，高质量的微视频是课下学习效果的根本保证。一个好的教学视频，时长必须适宜，容量不宜过大，知识点必须简洁明了，讲解透彻，画面生动形象，能够激发学生的学习兴趣。例如，讲授定积分概念时，设计一个曲边梯形的无穷细分，再逐一用细分条将曲边梯形填满的动画课件，可以让学生更容易理解这些抽象的概念。因此，教师必须花心思认真创作教学视频，并且要有针对性地去创作教学视频。

总而言之，在翻转课堂的教学模式下，学生主要在课下自主完成知识的学习，课堂成为师生之间和学生之间的互动场所，学生不再是纯粹地依赖教师传授知识，教师主要充当组织者和引导者的角色，在课堂上的主要任务是指导学生解决问题和引导学生运用知识。只有充分进行互动交流，翻转课堂教学才能实现学习内容的深化，从而达到预期的教学效果。

需要注意的是，翻转课堂教学模式在我国整体来说还处于推广阶段，大部分有意愿但却无法进行的学校或班级，大多是由于硬件设施的影响以及升学压力下紧迫课时任务的要求。通过网络访谈，作者了解到，事实上有一大批一线教师的教学理念是十分先进的，完全能够接受翻转课堂的教学理念，但是无法开展的原因大多在于，很多教师无法实现录制微课资源的条件，也有一些是因为学生无法满足课前观看视频等，由此可知，翻转课堂教学模式的实现还有很长的路要走。

但是随着网络平台的发展，随着微视频、网络教育系统以及慕课等开放资源的发展，教师有越来越多的网络公开资源可以利用，消除了制作课前微课资源的障碍，教师可以将更多的时间集中在课堂活动的制作和开展上，这就为教师开展翻转课堂提供了很大的便利，而学生的课前自主学习，也可以在学校机房进行课内翻转，相信实施翻转课堂的困难会渐渐被信息化应用解决，教学的改革也会越来越开放化，学生的学习会朝着一个自由、自主、简单、有效的方向进行。

（四）微课教学模式

1. 微课的含义及特点

微课主要指的是以视频短片的方式将教师在课堂中所讲解的内容进行压缩、精简，挑选出重难点知识，围绕这部分知识展开的有序的教学活动。微课的中心组成部分就是教学的微视频，并且包括了与课堂教学内容有关的课件设计、教学总结、习题测验以及教师的评价等，这些环节根据一定的规律、关系与展现形式共同构成了有机的版结构、主题性的资源共享应用教学体系。因此，微课不仅打破了传统固定单一的教学模式，同时还在其基础教学模式基础上添加了新型现代的多元化教学资源，形成以微课讲座、微课课堂、微课教学为主线的网络教学模式。

微课教育与高职数学教学相互融合的主要特点有以下几个方面。

首先，融合微课教育能有效科学地把控好时间，视频教学方式是微课最为显著的形式。共享并运用与数学教材内容有关的微课视频，能充分调动学生对数学课程学习的积极性，提高学生的兴趣及热情。

其次，传统单调、枯燥的数学教学通常都是由教师在课堂中一味地将所有数学知识全部灌输给学生，学生只能被动接受，微课彻底转变了这样的教学形式，通过微课教育，教学的重点知识与中心内容更加清晰地突显出来，数学教师能对其中某个难点知识展开教学，使整体课堂教学内容精简有序，着重强调并解决难点问题。此外，微视频以及相关辅助性教学资源的时间与空间存在一定局限性，但是教师与学生可以通过网络随时进行观看或是查找相关所需资源，为学生提供良好自由的学习交流平台。

最后，教师在讲解数学重难点知识时，在微课的影响作用下，能与学生积极展开各种互动交流，拉近师生之间的距离；学生能自主表达想法，在教师引导下能在掌握基础知识后，学习到更多知识。同时教师能真正地为学生及时解答各种疑惑，这对师生之间的沟通也具有一定的积极意义。在信息时代背景下，学生能通过网络进行自主学习并自由交流沟通，且教师能更加准确地掌握学生的学习情况，从而及时调整更加有利于学生成绩提高的教学方案。

2. 微课之于高职数学课堂的教学价值

（1）微课可以让数学知识由抽象变得形象

数学的抽象性人所共知。如何让高职数学知识变得形象，历来就是高职院校数学教学研究的重点。微课是以短视频为核心的，教学短视频的制作一定是以图像作为主要呈现形式的，因为纯粹文字的微课基本上起不到促进学生学习的作用。反之，借助几何画板、Flash 等软件，可以制作一些动画，并使其成为微课中数学知识呈现的主要方式。那么学生在构建新的数学知识的时候，就会结合自己已经习惯了的形象思维方式去认识一个新的数学知识的生成过程，哪怕是最为抽象的微分与积分的运算过程，也可以设计成动画加画外音的形式，在视频中给学生强调重点或者提醒易错的地方，通过带有卡通性质的提醒，也能让学生在莞尔一笑的同时记住重点，并对难点、易错点保持警惕。反观传统教学，这样的情形只能通过教师在课堂上加强语气，或在板书上用彩色笔标注的方式完成，这样做的效果显然不太好。

（2）微课可以激发学生的求知欲和学习兴致

一般来说，微课教学有助于激发学生的求知欲。微课教学是立足于学生认知水平最近发展区内的，作为知识传授的新平台，使学生由习惯性的被动接受者变为主动探索者，进而充分体会到自主学习与合作探究学习的乐趣，品尝到学习成果，从而对数学课堂学习产生浓烈兴趣。教师则成为学生学习中的指导者和促进者，有更多的时间与学生互动，实时答疑解惑，帮助其更好地学习、掌握数学学习中的重难点知识。微课作为一根坚实的纽带，可以让高职数学知识在教与学的过程中联系得更为紧密。而这恰恰是传统高职数学教学所不具有的优势。在师生之间基于微课的教与学联系得较为紧密之后，教师还可以借助学生的智慧，进一步完善微课的制作，以为下一轮的高效循环提供基础。

（3）引入"互联网+"理念，在评课基础上共享微课大数据

微课无疑是信息技术支撑的产物，教师在设计好微课之后，如何使学生运用这一学习资源促进自身对抽象数学知识的理解，是网络发挥作用的重要时机。同样，在当前的经济领域，"互联网+"成为一个热门概念。事实上，"互联网+"

原本是一个先进理念，其"+"的含义就体现在原有互联网互联互通的基础上，实现其增值。那么，在教育领域，"互联网+"如何为教育增值呢？

作者这里重点思考的是，微课本身作为现代信息技术发展的产物，其在"互联网+"思维之下能够怎样更好地发挥其服务于学生学习的功能。这里，笔者重点从微课设计的理念提升与实践改进两方面进行了思考。由于微课不是只靠教师个人做出的努力，而是一个小组或一个团队智慧的结晶，因此基于某一共同关注的内容进行微课的设计与改进，就是微课设计的重要思路。

当前，高职数学教学还秉承着传统的评课思路，其目的在于共享教学智慧，共析教学中出现的问题。而此处，就可以发挥"互联网+"的思维，通过对学生学习过程中的反应的收集与分析——具体地可以开发相关的软件，或者针对微课设计一些反馈题，让学生进行选择，或者结合关键词对学生的学习反应进行分析，这样就可以更科学地掌握学生在学习中遇到的问题，这就是大数据处理思路。这些问题在评课过程中由数学组内全体人员分析鉴定后，就可以获得一手的资料，从而为后续的微课设计提供更为有益的参考。

3. 基于微课模式的高职数学教学设计原则

为增强高职数学课堂的生动性，改善高职学生学习数学比较被动的现状，基于微课模式的高职数学的教学设计应遵循以下四方面原则。

（1）内容遵循短小精悍原则

微课的最大特点在于教学时间短、主题小。微课需设计者经过精心提炼相关知识点来制作教学视频，时间一般仅为 5～8 分钟，以方便学习者利用碎片化的时间进行有效学习。对于数学基础普遍薄弱的高职学生来说，高职数学课程包含不少解题步骤较长的知识内容，如多元函数的条件极值和二重积分的计算等。为此，微课的教学设计不妨将每步解题思路对应一个视频小片段来讲解，这样学生学习起来就会轻松许多。

（2）形式遵循务实高效原则

微课设计总是围绕某个具体知识点展开的，讲究内容精简、目标明确与重点突出。微课不强调复杂的现代信息技术的教学应用，也不需要复杂的教学系统来实现教学，其目标只在于切实解决学生学习过程中的疑难问题，促进学生有效学习。因此，微课设计只要借助诸如 Flash、PPT 等日常课件制作软件即可，进而体现微课设计易掌握、成本低的特点。

（3）资源遵循开放共享原则

由于微课视频可以实现教学资源网络共享，微课教学不再局限在课堂上，学习者可以自主选择时间在课后学习。

例如，高职数学课程习题量较大，教师不妨将部分习题讲解过程拍成微视频，便于学生课外在网络上学习，真正实现这种课内正式学习与课外非正式学习的有机结合。

（4）对象遵循求同存异原则

传统课堂教学面向全体学生讲解内容，主要以让学生掌握基本知识为目标，而微课教学还能满足学生应用能力的提高等个性化需求。此外，微课视频可以反复播放，学习者可以根据自身的实际情况选择视频片段学习。

总之，由于高职学生数学水平参差不齐，微课设计应满足学生学习水平上的差异性需求。

4. 微课教学模式在高职数学教学中的应用策略

（1）创新微课应用理念

理念是行动的先导。对于在高职数学教学中应用微课来说，必须在创新应用理念方面下功夫，特别是要深刻认识到微课的应用价值，通过理念创新进一步强化微课的多元化应用，不断提升高职数学教学的有效性。在具体的实施过程中，至关重要的就是要把"以人为本"的理念融入微课教学当中，正确处理好微课教学与其他教学方法的有效结合。例如，可以将微课作为课堂教学辅助工具，并且通过趣味化、直观化、演示化处理，进一步提高学生的学习兴趣，为提升课堂教学趣味化以及提升课堂教学吸引力创造条件。又如，在对高职数学难点问题进行教学的过程中，数学教师可以发挥自身的积极性和创造性，通过录制视频的方式制作不超过10分钟的课件，既可以在课堂上进行讲解，也可以交给学生进行研究和分析，这对于促进课堂教学有效性以及提高学生的自主学习能力具有十分重要的作用。创新微课应用理念，也要求教师要更加重视微课的灵活应用，除了要发挥课堂辅助功能之外，也要将微课作为学生自主学习的资料，并且要根据不同层次学生的不同需求，制作具有分类特点的微课课件，引导学生"由简入难"不断进阶。

（2）优化微课应用过程

1）课前应用

传统数学教学中，学生都是通过阅读来预习，学生普遍厌烦了这种预习形式，但将课前预习内容以微课视频的形式展现出来则更能吸引学生的注意力。教师可以充分利用这一点，在上课前将微课视频上传至相关网站，在微课视频中设置相应的预习问题，让学生在问题的引导下展开学习，有效提高学生的预习效率，为后续的课堂学习打下良好基础。

2）课堂应用

通过学生的预习反馈，可将教学中的重难点知识制作成微课视频，引导学生积极参与到专题学习中来。例如，在学习函数求导时，学生普遍觉得困难，这时教师就可以制作相关专题视频对各种典型例题进行分类讲解，帮助学生理解每个解题步骤，然后组织学生针对难点知识进行探讨研究。

课堂时间有限，教师将微课视频上传至相关网站后，学生可利用课余时间对相应内容进行反复观看。

3）课后应用

课程结束后，每个学生的课堂掌握情况会存在差异性，基础好的学生可能还想继续学习更多的相关知识，基础差的学生可能没有完全理解课堂知识点。

为了满足不同基础学生的学习需求，教师可以制作不同类型的微课视频。对于基础较好的学生，教师可以通过微课视频对课堂知识点进行拓展延伸。对于基础较差的学生，教师可以结合教材内容和学生的问题来制作适合他们的微课视频，帮助其复习巩固知识点。

在高职院校的数学教学中，只要求学生掌握二重积分，但有些学生还想继续深入学习三重积分，教师可以根据这部分学生的实际情况来制作三重积分的微课视频，满足他们的学习需求。

（3）重视微课导学功能

当前信息技术与互联网发展快速，信息技术已经广泛融入了人们的学习、工作和生活之中，这自然波及职业教育领域。作为职业教育工作者应顺势而为，积极研究如何加快推进职业教育信息化、深度应用信息技术服务教育教学等方面的课题。高职院校的数学建模课程对于未来行业发展人才培养意义重大，课程教学必须认真研究探讨在信息化手段支撑下数学建模教学高效课堂的打造，以及在信息化环境下教学模式、教学方法、教学技术、教学环境等方面的创新。

高职数学建模教学中的微课教学能够实现课程教学的信息化应用、提高教学效率，能够为许多专业建设以及教学改革等提供可借鉴经验和具有推广价值的信息化教学实践成果，真正实现"创新、协调、绿色、开放、共享"的可持续课程发展理念。高职数学建模教学要重视微课导学教学模式在课程创新教学中发挥的积极作用，重视微课教学的引入和实践。为了提升数学教师的微课教学质量，解决微课导学在数学建模教学中的应用问题，可以构建高职院校间的微课教学桥梁，相关课程教师可以从微课的内涵与特点、微课设计与制作、课件技术支持、典型案例赏析等方面，与其他教师进行系统全面的交流和分享。

（4）依托微课讲解典型例题

在对数学知识进行讲解的过程中，教师一般会借助典型的例题。教师借助微课对有关知识点的典型例题进行讲解，能够使学生的学习效率不断提高，帮助学生更好地理解基础知识。在例题讲解中借助微课教学，合理分类典型例题与习题，并制作出能够反复性观看的动画或视频，对题目进行分析并解答，以培养学生的知识灵活运用能力以及举一反三能力。另外，制作视频或是利用微课讲解的试题类型很多，集中包括对称区间定积分、函数和幂级数转变、常数项敛散性等。教师选择典型例题或者是习题进行微课设计时，应尽可能选用易出错或是学生反映解答难度较大的试题类型，在微课教学中避免走弯路，使学生对例题解题技巧加以掌握。以计算圆周率为例，教师可借助动画形式将割圆术呈现出来，方便学生对正多边形与圆逐渐接近的动态变化过程进行体会，进而对多边形周长和圆周长关系形成深入理解。

（5）建设微课教学资源

教学资源是为教学的有效开展提供素材等各种可被利用的条件，可以理解为一切可以应用于教育、教学的物质条件、自然条件、社会条件以及媒体条件，都是教学材料与信息的来源，通常包括教材、案例、影视、图片、课件等，也包括教师资源、教具、基础设施等。随着信息时代的发展，微课教学越来越流行，特别是在 2020 年抗击新冠肺炎疫情的特殊时期，为贯彻落实教育部"停课不停教、停课不停学"的要求，高校开展了线上线下混合式教学，其中微课教学资源为教师的教学提供了重要的补充，为学生线下学习提供了主要的素材。

1）讲授式微课

讲授式微课，主要讲解高职数学中的知识点。高职数学概念多而抽象，内容关联性强，部分学生学习起来会很吃力，很难把握重难点。教师要以学生情况和教学目标为依据，恰当选取一个重要知识点精心组织设计一节微课。例如，极限这一章节的学习可设计 14 节微课，包括数列极限的定义、函数极限的定义、函数的左右极限、无穷小的概念和性质、无穷大的概念及与无穷小的关系、极限的四则运算、第一个重要极限型、第二个重要极限型、无穷小的比较、无穷小等价代换求极限、函数点联系的概念、函数区间连续的概念、初等函数的连续性、闭区间上连续函数的性质。

导数及其应用这一章节可设计 16 节微课：导数的定义、利用导数的定义求函数的导数、导数的运算法则、复合函数求导方法、隐函数求导法则、对数求导法则、参数函数求导法则、高阶导数的概念、微分的概念、微分的运算法则、拉格朗日中值定理、洛必达法则、函数的单调性、函数的极值、函数的最值、函数凹凸性。

不定积分这一章节可设计 7 节微课：原函数与不定积分的概念、不定积分的性质、直接积分法、第一类换元法（凑微分法）、根式代换求积分、三角代换求积分、分部积分法。

定积分这一章节的学习可设计 8 节微课：定积分的概念、定积分的几何意义、定积分的性质、牛顿－莱布尼茨公式、利用不定积分求定积分、定积分的换元法、定积分的分部积分法、利用函数的奇偶性求定积分。

讲授式微课设计要做到重点突出、简明扼要，方便学生随时随地按需求学习，达到对知识的巩固和提高。

2）习题式微课

习题式微课将习题进行分类，针对学生易错的习题和典型习题设计微课，以此帮助学生提高学习效率，起到事半功倍的效果。例如，用无穷小等价代换求极限的典型例题、用洛必达法则求极限的典型例题、复合函数求导的典型例题。将这些习题制作成微课，供学生反复观看，能让学生准确快速地掌握学习的重点和难点。

微课凭借自身突出的优势，适合高职教育环境，被广泛应用于教学工作中。微课能够对学生的视听能力加以调动，并对数学语言进行传递，与数学学习的个性化、自主化需求相适应，一定程度上增强了学生数学学习的概括能力。为了积极构建有针对性的数学教育机制，在高职院校数学教学中，应充分发挥微课的辅导作用，有效融合网络课程和课堂教学，增进师生交流与沟通，以保证微课教学质量与效果不断提升。

（6）设计梯度化的微课教学内容

高职数学微课内容要分为多个层次，就一个知识点而言，既要有针对学困生的基础内容讲解，又要有针对中等生的知识点引申，还要有针对优等生的知识点的拔高。此外，还要有针对所有学生的知识点汇总。如在集合这个知识点上，教师针对学困生的基础内容讲解可以设计动画小视频，让学生直观感受到什么是集合，这样就可以让文字阅读理解能力弱的学生学会这个知识点。例如，一张图片上有小鸡、小鸭和小鱼，给出关键词"长毛的"，那么小鸡和小鸭在一个集合里，写为"{小鸡，小鸭}"；给出关键词"会游泳"，那么小鸭和小鱼在一个集合里，写为"{小鸭，小鱼}"。这样就可以让学生吃透集合这个概念，学会怎样来划分集合。

针对中等生，教师则可以将正弦与余弦、正切与余切等内容划分为学习材料，这样既能够让学生学习集合的相关内容，又可以使学生熟悉三角函数知识。针对优等生，教师则可以将集合与其他类型题目搭配。总之，教师要针对不同层次的学生设计不同的微课，让学困生对知识易吸收，让中等生能拓展知识，让优等生可以拔高。教师要放低姿态，了解零基础学生的知识空白，了解一般学生的知识诉求，将简单的知识点放到微课教学中，而不能自认为是简单的知识，让学生自己去学。

（7）高职数学教师加强微课应用交流

高职院校数学课堂中，教师想要充分利用微课，提高教学效率和质量，就应当加强教师之间微课应用的交流，促进微课应用方式和思路的创新。在课堂活动中，播放微课视频时，教师应当注重学生自身表现的观察，加强和学生的沟通与交流，了解学生课堂学习情况，掌握学生的课堂反馈情况，不断优化课堂教学环节。另外，教师要积极参与微课教学交流活动，积极分享微课应用经验，尤其注重借鉴其他教师应用微课的方法、思路，结合自身情况以及具体教学内容加以灵活应用。在教学的过程中，教师应结合课堂教学目标完成情况和学生课堂学习情况，总结微课的应用效果，掌握更多微课应用策略，在以后的教学活动中加以推广，针对存在的问题及时采取措施解决。

随着科学技术的发展，微课作为一种新的教学方式在教育教学中普遍应用，这必然促使各阶段教学工作发生变革。因此，高职数学教师应充分认识到时代的变化，紧跟时代发展潮流，注重微课知识的学习和掌握，在课堂活动中灵活应用微课。作者通过研究得出的结论如下：一是高职数学教师应当加强传统课堂教学的探究，分析传统教学模式中的不足，深入了解微课在教学中的优势，加强微课知识学习，做好微课知识储备，为将其更好地应用于数学教学奠定坚实基础；二是在高职院校数学课堂教学活动中，为了有效利用微课，教师应当注重现代化信息技术的应用，加强微课软件相关知识的学习，熟练地录制微课视频，提高微课视频质量，开发出更多优秀的微课资源，为高职院校教学工作奠定基础。

（8）精心设计微课教学视频

1）精心选题

选题是开发微课的第一步。课题的选择决定了微课的方向，所以教师要精心设计。这主要需考虑四个方面的问题：①知识点的选择，要保证知识点的完整性和前后关联性；②教学目标的制定必须抓住本节微课所要学习的核心知识点，从细微处入手，注意教学目标的层次性；③考虑学生的实际学习能力和学习兴趣，引人入胜的选题可以紧紧抓住学生的眼球，达到事半功倍的效果；④

选题要贴近生活，如等比数列的概念及通项公式，等比数列的应用与实际生活有密切的联系，如存款利息、购房贷款、资产折旧等都要用等比数列的知识来解决。在研究过程中应体现由特殊到一般的数学思想、函数思想和方程思想。

2）细构教学设计

细构教学设计是保证微课质量的前提。在制作微课前，教师要进行详细的教学设计，制作出教学剧本。教师要根据自身的教学经验，采用规范化的手段细构教学环节，通过丰富的教学活动设计来达到教学目标。

第一，构建情境教学的学习模式。情境教学是一种先进的教学模式，采用情境引入的方式，将枯燥的知识以生活的场景展现在学生面前。选择合适的情境能够让学生提起学习的兴趣，主动去思考情境中提出的问题，帮助学生迅速地进入学习状态。在情境教学中，教师要注意学生所学专业与选题的融合。例如，在财务专业等比数列的微课设计中可以创设如下情境。情境一：古印度国王重赏发明国际象棋的大臣的故事改编版。提出问题：国王能满足大臣的要求吗？情境二：某人每年拿出 1 万元投资，年收益 20%。提出问题：30 年后，他有多少钱？以上情境既贴近生活，又和专业密切相关。

第二，优化课堂教学的环节。微课应该在短暂的时间里将知识点通过多种手段和方式展现出来，应区别于常规的课堂教学，突出最精华的部分。在短暂的场景中，微课要通过导入、演示、探究、试验等多种手段清晰明了地传授知识点，完成既定的教学任务。等比数列的两个情境均以动画的形式展现，可以抓住学习者的眼球，激发学习兴趣。在案例的展示中，通过猜想、演示、启发的教学方法引导学习者思考等比数列的特点，案例简单易懂，具有典型性。在学习者初步掌握了等比数列的相关概念后，通过课堂演练，知识巩固，最后教师通过归纳总结升华本节课的知识点。

3）重视教学视频字幕的设计

在微课视频制作中，字幕的制作往往被忽视。其实，课堂教学视频字幕能够有效地表现出本次教学的主题，精准的字幕能够抓住学习者的眼球，引起他们的学习兴趣，同时清楚地展示本堂课的学习目标。在字幕设计中应该选择大小合适的字号，字体以宋体、黑体为佳，清晰、明了即可。

4）整合有效资源

基于"互联网＋教育"设计的微课不是孤立的，不仅包括课堂设计、拍摄视频、发布，还包括与课题相关的资源：课程的多媒体课件、学生互动反馈内容、评价方式、反思问题、课堂巩固练习等。这些资源可以是视频、音频、文本、动画等形式。利用网络平台将这些资源有效地整合在一起是一堂优质微课的必要条件，不容忽视。

（9）借助微视频突破教学难点

毫无疑问，微课本身既是教学内涵创新的产物，也是教学模式创新的结果。创新教学不是一个空洞的事物，其是适应某个社会具体条件，为达到某一教学目标或课程实施标准而形成的思路更新、途径更广、目标达成更简单的教学举措。因此，在微课这一教学形式的运用中，通过微视频来展现某一教学重点，并使其更好地符合学生的知识基础与认知规律，让学生在对微视频的观看中理解知识点，建构知识体系，形成新的能力，这对高职院校的数学教学来说尤为重要。同时，微课的运用还可以增强学生的合作交流能力等。在数学教学的创新思路中，微课可以促进学生的思维能力发展，可以促进学生思维品质的提升。由于数学的抽象性，又由于微课的形象性，后者可以以更合理的形式呈现前者，从而让学生在高职数学的学习中减少困难，增强信心。例如，在"计数原理"的教学中，教师可以根据该知识的特点，让其中的一些重点、难点成为微课中的主要内容，这样学生分析知识、理解知识的时候，梯度更明显、更合理，因而知识构建与思维能力的培养都会实现。

微课的运用不仅可以在课堂上，也可以在课后。其实这也是微课的一大优点。在我们的教学实践中，让学生在课后通过互联网在电脑终端或者移动终端观看微课，收到了很好的效果，尤其是借助一些微课平台，能够让学生的学习更具集中性、更具互动性，学生可以在对微课的观看中更好地实现思路共享。此过程中，QQ与微信等聊天终端也可以发挥文字、语言、图片的交流作用。从学生的角度来看，利用微课进行学习，可以让他们变得轻松——至少没有课堂上的那种紧张严肃的气氛及其形成的压力。总的来说，微课运用具有这样的几个特点：一是教师精心设计的微课，往往都容易激发学生的学习动机；二是微课可以让学生学习的时间与空间得到拓展，从时间角度来说，只要学生有空就可以观看微课进行学习，从空间上来说，不仅在教室内，在教室外也可以学习，不仅在学校内，在学校外也可以学习，甚至在吃饭时、在睡觉前都可以学习；三是微课的可重复观看性，保证了不同层次的学生都可以对学习内容进行数次的学习，这种重复是其他学习资源所无法比拟的；四是教师与学生的互动也可以基于微课来进行，同时也不局限于课堂教学，即使面对多个学生，也可以通过微课平台的互动功能，或者是聊天终端的群功能来实现。总的来说，微课虽小，却具有大数据的思路，可以利于教师把握学生群体的学习现状，从而为提高教学效果服务。

（10）构建完善的微课教学评价体系

微课教学是一类具有个性化特征的教学模式，与传统教学评价存在本质性差异。微课教学侧重于整合课程资源，开设多元化教学活动。为此，在实际教学过程中，应根据不同的教学内容构建评价模式。

第一，在构建教学资源评价模式的过程中，客观评价微视频设计的科学合理性，并以微信、QQ、微博等主流通信工具作为微视频资源衔接的媒介。主体评价内容包括练习测试、考核评价与学习效果评价等。

第二，在微课教学过程中，构建评价模式可以适当优化传统教学手段，激发学生的主观能动性，并通过整合信息技术与教学内容，满足创新需求。例如，课堂评价过程中，为构建多元化的评价体系，可通过创建电子表格的方式，进一步完善教学评价内容。具体内容如下所述。

合作交流：A 层（5 分）在经过深度思考后进行意见表达与交互，为小组做贡献；B 层（4 分）与小组同伴共同发现问题，并提出解决策略；C 层（3 分）虚心听取小组同学的意见，明确分工。

参与程度：A 层（5 分）积极参与多元化探究活动，并在组内进行；B 层（4 分）主动参与课堂探究活动；C 层（3 分）通过协调配合，满足微视频教学的核心需求。

动手能力：A 层(5 分)熟练掌握微视频制作技术，严格按照阶段性教学目标，提高学生的综合实践能力；B 层（4 分）熟悉计算机操作流程，在合作中提升自主实践能力；C 层（3 分）与同组成员协调配合，不断强化综合实践能力。

知识掌握：A 层(5 分)深化对微课资源的认知，增强测试的完整性；B 层（4 分）灵活运用知识点，积极完成各类测试任务；C 层（3 分）在完成课堂任务的基础上，为学生创造轻松愉悦的学习氛围。

（五）SPOC 教学模式

当今，互联网智能终端背景下涌现出多种先进的教学模式，其中，较受学生喜欢的有 SPOC 教学模式和智慧课堂教学模式。SPOC 教学模式能为学生提供多元化、智能化、开放化、个性化及信息化的学习场景，有利于学生自主学习能力的培养。但 SPOC 教学模式是以微视频形式为学生提供碎片化学习资源的，缺少知识的系统性、完整性，学生通过这种教学模式学到的知识往往不够扎实，不利于知识的内化和逻辑思维的形成。另外，SPOC 教学模式是在线教学，对于实验课，只能给学生提供实验视频，难以提供亲自动手操作的内容。同时，这种模式缺少面对面互动，不利于合作探究精神的培养。

数学课程内容抽象，高职学生难以理解，而且大多数高职数学课程都是大班授课，这就要求教师根据不同的授课内容开展基于 SPOC 的混合式教学。高职学生数学基础相对比较薄弱，如果对所有内容都采用基于 SPOC 的翻转教学，对于较难的知识点，学生不仅在课前难以独立学会，而且会因为知识较难掌握而退缩，失去了学习的积极性和求知欲。正是考虑到高职数学课程的特殊性，笔者在课堂教学中未采用"完全的翻转课堂教学"，而是采用"半翻转课堂教学"：选取相对简单和浅显的教学内容，结合开发的 MOOC 资源在 SPOC 平台上开展翻转课堂教学，较难的和需要深入思考的知识点仍然采用传统的授课方式。无论采用哪一种授课方式，笔者课前都对教学视频做预习，课后提供相应的在线练习，有效地将线上和线下资源结合，开展混合式教学，激发学生的学习兴趣，提高学生的学习质量。

1. SPOC 教学模式的优势

（1）课程难度设置更符合教学对象需求

高职数学的基本宗旨是为专业课程服务，通过课程的学习提高学生的职业素养，培养学生的探索精神，从而利于学生全面发展。传统 MOOC 的数学教学内容多基于本科课程水平设置，高职学生基础较差，学习难度大，无法适应教学进度，同时也无法达到高职数学教学的培养目标及要求。SPOC 课程授课规模小，可以根据学生的数学水平设置知识点范围和难易程度，依据学生具体接受程度适当延长讲解时间，有效地解决了高职学生数学基础薄弱的问题。同时，可以根据学生接受程度的差异在线上设置提高模块，学生完成基础学习任务并达到一定标准后，可进入提高模块继续学习，扩充了教学内容，满足不同层次学生的需求。

（2）使学生学习数学的时间更灵活

高职数学课程普遍面临学时减少、无法达到既定的教学目标的困境。SPOC 教学模式为学生提供了线上学习平台，使学习时间的选择更加灵活，是课堂教学学时的有效补充。SPOC 教学模式下，课程教学视频的时长通常设置在 5 ～ 10 分钟，有利于学生在碎片时间进行学习；每个视频均围绕一个重要知识点进行讲解，辅以动画，便于学生理解和反复观看。

（3）有利于提供完整的学习体验，师生互动更便捷

基于 SPOC 的教学模式教学规模小，以普通单班为教学单位，教师有充足的时间来解答每位学生的问题，学生参与度高。SPOC 教学模式的应用为高职数学课程的线上线下混合式教学提供了便利，学生课余时间线上学习，线下走

进课堂参与教学活动。这种教学模式能够给学生提供完整的学习体验，使学生有效地参与到数学学习中来，激发学生的学习兴趣。

（4）教学灵活度高，有效保证学习质量

基于 SPOC 的课程教学灵活度高，每节课都设有小测验环节来检验学生的学习情况，教师可根据测试结果随时调整教学进度。测试题目按难易程度分组，完成基础测试合格后可以进入提高组答题，学习过程增加了挑战性，在不断探讨中激发学生的学习热情。课程结束后设置了线上线下考试，有效减少了 MOOC 平台上辍课的情况，课程更具约束力。

2. 基于"SPOC+"超星平台的智慧课堂教学模式的构建

超星平台是一款功能全面的基于 SPOC 的线上教学平台，教师可以通过该平台建立课程组。构建基于 SPOC+ 超星平台的智慧课堂教学模式，先要预设与之匹配的教学目标。根据新的教学改革方案，教学目标应该遵守"三位一体"原则，即知识技能目标、过程方法目标、情感价值观目标的统一。教师要根据教学内容的特点，充分利用智慧课堂的教学环境优势，科学地设计"三位一体"的教学目标。

基于 SPOC、超星平台智慧课堂的活动设计可分为课前导学、课中研学、课后拓展三个环节。

（1）课前导学

教师精心制作微课视频、课件，编选作业、测试题等资料并上传至超星平台。单个视频力求短小精良，时间控制在 10 分钟左右，知识点力争碎片化，通过新颖的视频设计、多样化的制作手段、趣味化的教学案例来吸引学生眼球。学生自行学习课程资源，自觉地完成课前线上作业、小测试及主题讨论，养成自主学习习惯，增强自控能力和内驱力；教师根据平台数据反馈结果，实现对学情的智能诊断，并依此进一步优化教学策略。

（2）课中研学

教师根据课前学情诊断，有针对性地讲解重难点及疑点，构建知识体系。引导学生分组进行合作探究，开展主题讨论。通过对知识点的挖掘，训练学生思维的深刻性和缜密性；通过对知识点的横向发散，培养学生的发散性思维；通过对知识点的总结归纳，让学生实现知识的内化，构建知识网络，训练聚合思维和逻辑思维；通过对知识点的应用探究，培养学生理实一体的理念和创新思维；通过分组动手实验，培养学生直观动作思维。

（3）课后拓展

教师以 SPOC 形式向超星平台推送课外拓展项目、拓展训练或相关小论文，但要注意针对直接就业或继续深造等不同需求的学生发放不同的拓展任务，实行分层教学。

通过以上三个环节的活动设计，学生在完整的学习体验过程中可以开展自主学习、合作探究，促进智能的提升。

3. SPOC 教学模式下的教学资源建设

高职数学 SPOC 课程资源包含课程级资源和知识点级资源两部分。其中课程级资源包括课程大纲、课程介绍、内容拆分、成员简介；知识点级资源包括视频、PPT、讲稿、拓展、作业题、测试题等。此外，课程级资源中还设有"评分标准"和"论坛区"等，方便"师师""师生""生生"交流互动。

（1）视频资源建设

视频是围绕某一知识点展开学习的完整课程，视频时长一般为 5～8 分钟。课程建设团队精心设计视频内容，精心制作 PPT 课件，充分展现主讲教师的教学风采和人格魅力，形成鲜明特色，引发学生的好奇心，激发学生的求知欲，调动学生的学习兴趣，在短时间内提高学生的学习效率。如知识点"函数的极值"的讲解，以"下巴的最低点、额头的最高点"创设情境，提出问题，导入主题——函数的极值。

（2）拓展资源建设

拓展资源内容由相关专业课教师和数学教师共同研究确定，针对不同专业的特点设置不同的拓展模块。拓展资源建设的主要特点是要体现专业性，所有内容都要体现一个"用"字，让学生感受"数学就在我身边"。这种跨学科的教学模式的设置，对学生的思维方式及创新能力的培养、对服务于专业是十分有益的，也是一种全新的尝试。拓展资源内容还满足了准备继续深造或者所学专业对数学有特殊要求的学生的需求，通过拓展适当介绍一些如专升本、高职数学竞赛、数学建模等所需知识以及现代数学思想、方法或一些最新研究成果，使学生对目前最新的数学方法及其发展趋势有所了解，使学有余力的学生拥有较丰富的学习资源。

（3）其他资源建设

讲稿体现的是知识点的教学目标、教学重难点、教学主要内容、内容总结等，短小精悍、结构优美。每个知识点各设 5 道作业题、5 道测试题，题型仅限单项选择题和判断题。作业题方便学生及时巩固、提高；测试题构成 600 道测试题库，教师可按一定条件随机组卷，便于学生在线模拟练习及期末考核。此外，建设了 9 个用于翻转课堂教学的教学资源，包括前置学习任务单、前置作业；建设了 3 个用于 PBL 讨论的教学资源等。

4. 基于 SPOC 教学模式的教学实践

以"平面及其方程"的教学为例，通过课前导学、课中讲学、课后助学三个环节来进行教学。

（1）课前导学

课前，教师在网络教学平台发布微课教学内容，让学生进行自主学习。发布三个思考题，学生通过操作手机上的 GeoGebra 软件来回答教师发布的思考题。

（2）课中教学

整个课中环节紧紧围绕以形助数、以数解形、数形结合的思路进行教学。

首先，通过 GeoGebra 软件的动画演示找出唯一确定平面的条件，给出平面法向量的定义。学生通过自己动手演示课件观察法向量，描述法向量的特征。

探究 1：推导平面的点法式方程和一般式方程。通过让学生动手操作、自主探索、发现规律，利用向量间垂直的充要条件探究出空间平面的点法式方程，将点法式方程展开、合并同类项，自然得到平面的一般式方程。已知平面的一个法向量及平面上一点的坐标，就能够得到平面的点法式方程。

探究 2：特殊平面的方程。为了强化本次课程的重点、突破难点，本次探究中进行小组讨论学习，学生通过对动态课件的观察找出特殊平面的特征。小组派代表进行讲解，由教师进行归纳总结。

探究 3：截距式方程。在了解了平面的点法式方程、一般式方程之后，教师带领学生一起思考，找出求解例题的方法。教师利用手写板对例题进行分析讲解，同时使用录屏软件录制讲解过程，最终得到平面的第三种方程——截距式方程。

探究 4：两平面间的位置关系。在动态模型课件中，探究出两个平面具有平行、垂直、相交的三种位置关系，平面间的位置关系等同于平面法向量间的关系，并通过两个例题进行知识巩固。教师利用手写板对例题进行分析讲解，同时使用录屏软件录制讲解过程。利用 MATLAB 软件进行向量间的向量积计算，减少计算量。

在课程的最后阶段，利用知识列表小结本次课的主要内容。

（3）课后助学

教师将课中所有总结的知识网络、讲解中录制的视频做成微课并上传至课程平台，通过微信群发布通知，以供学生课后复习使用。学生还可以利用平板、手机上的软件自主学习。

总之，在"互联网＋"时代，随着教学手段信息化改革的不断深化和学生学习需求的变化，高职数学课程教学改革迫在眉睫。基于 SPOC 理念的混合式教学将传统课堂和翻转课堂有机结合起来，包含有自主学习、协作学习和混合式学习等多种学习方式，实现了教学方式从以教为主向以学为主、以课堂教学为主向课内外教学结合的转变，不仅能够调动学生的学习积极性，还能够提高学生独立思考和自学的能力，真正实现学生学习方式的转变。尽管如此，基于SPOC 的混合式教学并不能解决高职数学教学中出现的所有问题。任何一种教学改革绝不只是技术手段的改革，其核心在于教师要思考如何进行教学设计、实施教学计划并有效实现教学目标。教师必须树立正确的教学理念，始终以提高学生学习效果为出发点和落脚点，肯花大量的时间和精力开发、维护在线资源，充分利用现有的各种信息技术手段建设好课程资源。当然，学生也要变被动学习为主动学习。这些都是提高教学质量的有力保障。

（六）分层教学模式

1. 高职数学课堂实施分层教学的必要性

近些年高职院校学生的构成较复杂，其由普通高中毕业生、三校生、退伍士兵组成，学生的学习基础、学习意愿和学习能力等差异较大。因而开展分层学习势在必行。有学者提出本着因材施教的教学原则，使教学内容在深度、广度和进度上适合学生现有的知识水平与接受能力，符合学生的"最近发展区"。

数学不仅是高职院校的公共基础课程，也是服务专业课的必要工具。对于高职数学课程，教师要思考的如是何把科学和理性融于生活，而不是冷冰冰地把知识从一个大脑装进另一个大脑。所以，混合学习与合作学习是主要针对高职数学实施分层学习。重在强调学生的学习，教师是学生学习过程中的陪伴者。分层教学模式是教师根据线上学习大数据，把学生分成不同的组别，不同组别再划定不同的学习内容。在符合各专业人才培养方案、理解应掌握的数学概念的基础上，为数学课程设置一个最低的标准。加强数学概念与生活的联系，以手工和数学软件为手段和工具，做到多学科整合，以真实的、专业的问题为导向，让学生通过线上线下混合学习、合作学习，围绕项目、案例完成任务，使学习更有趣、更具挑战性，让学生体会到学习过程中的愉悦、收获和幸福感。

2. 高职数学课堂实施分层教学的意义

分层教学主要就是教师在尊重学生认知规律和主体性的基础上，结合学生的学习态度、知识水平、学习的差异性等，将学生划分为不同的层次，并提出相应的教学要求，同时设计出不同的教学内容和方法，采取相应的激励和引导机制，使各个层次的学生都能成长和进步，感受到成功的喜悦，这对学生全身心的健康发展很有帮助。分层教学应用于高职数学教学中时，广大教师需结合数学课程要求以及学生实际学习情况开展相应的教学活动，具体的实施环节包括精炼拓展、点拨提升、目标导向、教学反馈等。

通过分层教学在高职数学教学中的实践应用，能够重点突出学生的课堂主体地位。数学是一门综合性、抽象性的学科，能够为其他学科的学习奠定良好基础。在同一个班级中，受先天和后天因素、主观和客观因素的影响，学生经常会在学习能力、兴趣爱好和个性发展等方面存在差异。分层教学充分尊重了学生的个体差异性，使其能够在原有的基础上有所提升，在每一节课中都能有所收获，最大限度地激发和调动学生的学习热情和积极性，逐步缩小学困生和优等生之间的差距，促进共同进步。

3."互联网+"背景下高职数学课堂分层教学模式的创新应用

（1）学生分层

高职数学教学中分层教学的应用，首先是对学生进行的分层。针对分层需在学生自愿的基础上，结合学生数学成绩与日常行为表现进行，主要依据指标包括：①学生进校前的数学成绩；②学生对数学学习的兴趣情况；③学生自我约束力与自学能力；④学生学习数学的能力、方法及习惯。通过对某班 60 名学生的调查与统计，作者发现学生大致可分为三层——X 层、Y 层及 Z 层。其中，X 层是拔尖优等生，该层学生综合评价较高，各项指标均较好；Y 层是成绩中等生，该层学生综合评价一般，各项指标均一般；Z 层是学习困难生，该层学生综合评价较差，各项指标欠佳。将学生分层之后再开展教学。而此分层教学不是一成不变的，可在学习过程中根据学生的数学成绩与学生个人诉求适当调整。在整个教学过程中，教师要客观地对学生进行观察与评价，让学生对自身有正确的了解，在教学过程中要让学生释放压力，享受学习数学的乐趣，大大激发其对数学学习的兴趣。

（2）备课分层

分层教学以教师备课为基础，教师可结合学生层次与达到的教学目标差异确定课程内容。在教学开始前，教师需将教材中的内容分为不同层次，尽量让每个层次的学生所学习的内容都清晰，并结合学生实际水平，采用合适的教学方法制定教学进度。其中，X 层学生需教师尽可能进行方法限制，Y 层学生需在基础学习基础上，鼓励其进行自主学习，Z 层学生需要教师做好基础数学内容的教学。对数学知识的理解，针对 X 层学生，可设置较难的问题让其分析解决。针对 Y 层学生，可设置相关习题，激发他们的求知欲。针对 Z 层学生，可设置简单的习题，让他们体会到学习数学的乐趣。经备课分层设计，可满足大部分学生的学习需求，并且对学困生可进行辅助，也能提供优等生的学习能力，对教学十分有利。

（3）授课分层

对数学教学实施授课分层，主要是对 X 层、Y 层及 Z 层学生教学过程中展现教学的不同层次。在高职数学教学中，以 Y 层学生学习的内容为基础性内容，X 层学生学习可适当增加学习内容，而 Z 层学生学习需适当减少内容。具体授课分层实施如下。

首先，课程导入环节，根据数学教学内容选择学生需要掌握的知识与技能，通过有效的情境导入，激发学生的学习欲望，让学生学会主动学习。其次，在课堂教学中，教师通过提问的方式激发学生学习数学的积极性，教师所设置的问题要分层，可将一个大问题分为若干小问题，由不同层次学生参与并回答。在此过程中教师所设置的问题要有一定的针对性，要符合学生实际情况，可让学生了解知识之间的联系，积极运转思维。

例如，"函数的单调性及其极值"的教学，教师可设置的问题包括：①函数单调性求解；②函数极值求解；③极值现象在生活中的应用有哪些？其中，X 层学生可回答全部的问题，Y 层学生可回答①、②问题，Z 层学生可回答①问题。根据学生层次设计问题难易度，这样在减轻学生学习压力的同时，可在现有的基础上巩固数学知识。

（4）考核评价分层

教学完成之后对完成的教学目标进行评价。以往的评价方式主要是通过考试成绩来判断学生的学习情况，但此评价方式单一且不合理。对分层教学的评价，通过两套不同难度的试卷进行，其中一套试卷主要是基础性内容考察，另一套试卷涵盖提高层次内容。X 层学生只需做提高层次内容的试卷，满分为 120 分，而 Z 层学生只需要做基础性内容试卷，满分为 100 分，Y 层学生可根据自身情况自由选择试卷。待成绩出来之后，可根据学生的成绩调整分组，鼓励学生向更高层次提升。在此过程中对那些成绩失常的学生进行科学的判断，并多鼓励学生，增强其学习数学知识的信心。

（5）分类培养、分层教学

因专业群在构建人才培养体系时考虑了学生的基础认知、兴趣特长、职业取向等方面的个性化差异，按照技能型、复合型、升学型等分类对学生实施培养，因此，高职数学课程也应基于专业群构建科学的分类培养、分层教学模式。

根据教育部对高职基础课程教育的基本要求，依据专业群制定的人才培养目标，并考虑生源数学学习的差异性，构建"B+X"即"基础 + 专业应用"的高职数学课程体系，搭建数学课程平台，为各专业班级学生提供可选择的课程内容，教学内容采用模块化形式。

基础模块：包括高职数学中最基本的数学概念、数学思想原理及数学运算，满足学生对后继课程的基本需求，为学生将来的职业发展奠定必需的数学基础，并基于专业群设置课程内容。

应用模块：根据专业群的人才培养目标，构建应用模块与各专业做好衔接，突出数学课程的专业性和应用性，培养学生运用数学方法分析和解决实际问题的能力及创新实践能力。

拓展模块：从满足学生个性化需求的角度出发，开设数学实验、数学文化等方面的课程内容，提高学生的数学素养，激发学生的学习兴趣。

教学内容设计以问题为导向，采取项目驱动的方式。

以某汽车工业高等专科学校为例，对分层教学进行概要说明。

①适合专业：机电类、电气类、机器人类、汽车类、机械工程类专业。

基础模块：一元函数微积分、微分方程、空间解析几何。

应用模块：数学实验。

拓展模块：数学建模、数学思维方法与数学文化、走进数学。

②适合专业：汽车试验技术类、新能源类、智能控制技术类专业。

基础模块：一元函数微积分、微分方程、空间解析几何。

应用模块：概率与统计。

拓展模块：数学思维方法与数学文化、走进数学。

③适合专业：电气类、机器人类、汽车制造类专业。

基础模块：一元（多元）函数微积分、微分方程、空间解析几何、无穷级数、积分变换。

应用模块：线性代数、概率与统计。

拓展模块：数学建模、数学思维方法与数学文化、走进数学。

④适合专业：市场营销类、保险类专业。

基础模块：一元函数微积分。

应用模块：概率统计、线性代数。

拓展模块：数学思维方法与数学文化、走进数学。

在实施分层教学时，教师会根据每年的生源情况、学生的学习能力以及各专业的人才培养方案及时调整教学内容以满足专业需求。对于拓展模块，教师也会开发更多的与专业相关的选修课供学生选择，以满足学生的个性化学习需求。

（6）更新教学内容和学习形式，满足学生差异化学习

高职数学教学改革遵循个性化、差异化、定制化三大原则，即根据学生个人的数学基础、专业、需求分大类量身定制，在符合各专业人才培养方案的前提下，规定学习内容和学习形式。

学习内容有四方面：①数学概念，强调数学概念在生活、专业领域中的应用；②数学计算，它使手工和数学软件结合起来；③数学文化，了解数学概念的形成和历史，知晓数学家背后的故事，传承数学家的科学精神等，增加数学教学中的人文教育内容；④数学建模，运用数学语言描述和解释实际问题，建立数学模型发现规律，预测事态的发展。

学习形式有三种。①项目化学习，寻找有意义的、真实的项目，学生围绕项目解决问题，在问题解决中学习和掌握数学概念。解决问题的思路没有明确的方向，完全依赖学生的创造性思维，如调研地铁进站停靠时车厢安全门与站台上标识线如何完全对应；抗击新冠肺炎疫情期间，人们为何要待在家里，学习总结以科技论文形式提交。②案例化学习，即学生先学习数学知识，再去解决案例。解决问题的方法具有明确的指向，如边际利润计算、建筑物表面不规则图形面积的计算、电路的平均功率计算、新冠肺炎疫情的拐点预测等。③趣味性学习，在趣味活动中学习数学知识，如窑洞上的边缘弧线构成研究等。学习终结上交个人作品（如图片、绘画或故事等，形式不限）。

（七）基于移动学习的O2O教学模式

O2O教学模式是指教师利用互联网和教育信息技术，线下开发适合学生移动终端（智能手机、PAD等）学习的资源并进行传统授课，线上通过互联网上传学习资源并授课，这是线下线上相结合的教学模式。在基于移动学习的O2O教学模式下，学生课前可通过无线网络获得教学资源，课上可以利用智能手机App参与教学，课后又可以通过智能手机获得教师一对一的辅导。学生全程参与到教学中来，智能手机得到充分利用，同时相关手机App的使用也简化了教学内容。

1. 基于移动学习的O2O教学模式的特征

（1）教与学时空的延伸性

教师教的时间除了课上，其他时间可以随时通过教学平台发布与教学相关的知识，答疑学生问题；学生学的时间除了课上，其他时间也可以随时通过手

机中的教学平台复习旧知、预习新知、完成作业、交流答疑等。

（2）线下与线上教学的统一性

O2O 教学模式下教师不仅要随时关注学生线上学习的反馈，及时交流、答疑，必要时在线下还需进行面对面的讲解；而针对线下没有时间解答的问题，通过线上回复，做到线下线上相统一。

（3）线上资源的常新性

每节课前后教师都要及时更新与本节课相关的线上教学资源，做到课变资源变，保持学生学习的新鲜感。

（4）教学评价的贯穿性

O2O 教学模式下教与学的评价不再局限于课堂上，教师与学生线上的表现也可以作为互评的依据，因此教学评价贯穿线下线上全过程。

2. 基于移动学习的 O2O 教学模式的应用

（1）情境教学，结合目标凸显导向

高职数学难度较大主要在于其需要较强的逻辑性和理论性，而学生在传统的教学模式下对数学学习的兴趣较低。教师可以通过信息技术设立特定的教学情境，对现实环境进行模拟，对数量关系和数学的动态变化进行刻画和演示。如在学习定积分的概念时，教师可以使用信息技术中的几何画板重现刘徽割圆术的动态演示过程，之后学生通过小组讨论和自主学习对求微积分的过程进行归纳和掌握，也就是"分割—近似—求和—取极限"。学生与教师能够在这一过程中实现互动，增强学习主动性，在课程中的参与性也更高，在学习中不再处于被动地位。然而，在将互联网信息技术应用在课堂上的同时，信息技术要服务于教学，作为辅助教学的重要手段和工具，但不可取代传统教学课程的主体地位。在高职数学教学过程中，教师要合理使用信息技术，不能展现与教学无关的内容，不能脱离教学目标分散学生的注意力，应保持以课程为主、以信息技术为辅的主次要关系。

（2）交互凸显实时交互

由于传统教学观念和教学手段的限制，教材、教师和学生之间无法进行及时有效的交互。学校引入互联网多媒体技术，能够将这些限制打破，实现三者之间的交互。通过课外网站的建设，在教学中实现资源共享，将课内外的有效资源整合在一起，实现知识范围的扩大化和结构化。教师能够在这些课外网站上发布教学资源和作业，并在网站上进行批改，对学生提出的问题进行解答。学生不再受时间、空间和地域的局限，可随时与教师进行在线交流，共同讨论、完成作业。通过网络课程平台的建立，学生的知识面得到了扩展，教师也突破了传统教学模式的限制，充分调动了学生在学习上的主观性与能动性，促进了学生个性的自由发展。

在 O2O 教学模式下的高职数学课程改革是以学生为中心、构建有效学习为原则的教学改革活动。在互联网背景下的高职数学研究与探索中，课程改革对人才培养以及实践探索具有十分重要的作用。本书通过对高职数学课程改革的研究和探索，对教学内容、教学方式、教学手段等进行了分析，旨在为高职院校的数学的课程改革提供参考和建议，促进高职学生数学学习质量和学习效率的提高。

二、重构教学内容

高职院校主要培养的是复合型、应用型技能人才。为更好地实现培养目标，高职院校必须为高职学生提供更合适的高职数学课程和教学方法，在"互联网＋"视域下，应实施与专业相结合的课程改革，针对各专业人才培养方案对教学内容进行重构。

（一）不同专业讲授内容的重构

受授课时数的限制，教师应针对不同专业选取不同的内容，教学内容设计应注重知识的广度和延展性。对于机电类、电子类专业的学生，删除经济学应用方面的知识，添加积分变换、二重积分、级数等内容；对于商贸类专业的学生，删除物理方面的部分内容，增加概率统计、边际、弹性等内容。学有余力的学生可以充分利用网络资源，通过泛雅网络教学平台学习课堂上没有讲授的知识，以满足更多的学习需求。

（二）同一知识针对不同专业案例的重构

在教学过程中，理论教学应对与专业有关的真实案例进行引入，有利于提高学生的学习兴趣。以"无穷小与无穷大"概念的引入为例，针对不同专业的学生，可选择不同的案例。例如，电子类专业学生讲解"电容器放电"时，其电压随时间的增加反而逐渐减小并趋向于零。对化工类专业学生讲"洗涤效果"时，洗衣机清洗次数越多，衣服上残留的污渍就越少；当洗涤次数无限增大时，衣服上的污渍就趋向于零。即当洗涤次数无限增大时，衣服上的污渍是一个无穷小量。对商贸类专业学生讲解"本利核算"时，假如小王有本金 A 元，银行存款的年利率为 r，不考虑个人所得税，按复利计算，小王第一年年末的本利和为 $A(1+r)$，第二年年末的本利和为 $A(1+r)^2$，……，第 n 年年末的本利和为 $A(1+r)^n$，存款时间越长，本利和越大。当存款时间无限长时，本利和也无限增大。其他的知识点也可最大限度地与专业知识相结合开展教学。

（三）基于"互联网＋课程思政"的教学内容重构

习近平总书记在全国高校思想政治工作会议上指出，要用好课堂教学这个主渠道，思想政治理论课要坚持在改进中加强，提升思想政治教育亲和力和针对性，满足学生成长发展需求，其他各门课都要守好一段渠、种好责任田，使各类课程与思想政治理论课同向同行，形成协同效应。高职数学作为基础课程之一，在教学中引入思想政治内容已成为必然趋势，是教育改革工作的新任务。长期以来，由于高职数学课程自身理论性、逻辑性较强，传统的教学模式过于死板，内容设置重理论、轻应用，忽视了数学课程的实用性与工具性，数学课程与思想政治元素结合也不够紧密，数学在高职院校的地位越来越尴尬。而互联网构建了高职院校意识形态建设的网络新平台，创新了高职院校意识形态工作的新方法。所以应有效发挥"互联网＋"的驱动作用，探索高校意识形态教育的"微路径"模式，构建"大思政"格局，针对高职数学课程改革进行深入研究，发掘数学教学中的思想政治元素，为学生提供丰富的思想政治素材，为社会培养高素质的数学人才。

目前，高职数学课程思想政治存在如下几方面的问题。

第一，思想政治理念融入不够深入。当前高职数学教师对课程思想政治理念认知不够充分，个别教师认为思想政治教育是思想政治教师与辅导员的任务，与数学教育关系不大；少数教师认为高职数学课程教学任务重，课时有限，要在课程中融入思想政治内容会加大教学任务量。这些认知偏差不利于课程思想政治教学体系的构建。另外，学生平时对数学和思想政治课程内容的学习兴趣并不浓厚，部分学生认为数学学习较为枯燥乏味，将思想政治理论融入其中，学习数学的积极性会减弱，从而导致课程思想政治实效性不够明显。

第二，课程思想政治内容融入不充分。高职数学课程思想政治改革正处于探索阶段，课程思想政治内容未能很好地融入课程教学中，所以应在数学课程教学过程中渗透思想政治内容。然而部分教师未能正确理解课程思想政治的内涵，片面地在每一章节教学中加入思想政治内容，生搬硬套现象较为明显。另外，部分教师对数学课程思想政治改革的内容尚未有明确规划，只是简单地在数学内容讲解之后加入一些相关的思想政治内容，二者衔接度不够，导致思想政治教学实效性不明显。如在讲解分段函数时，教师并未将生活实际与之联系，导致课堂教学枯燥乏味，不仅降低了学生的学习兴趣，也不利于培养学生分析问题的基本能力。

第三，课程思想政治素材较单一。高职数学课程思想政治教学主要在课堂上开展，校外实践活动开展较少，教师过于注重数学理论知识的讲述，忽略了学生实践操作能力的培养，学生理论知识扎实而实践经验不足。在授课中，思想政治素材穿插较少，数学内容与思想政治内容相脱节，实践活动中思想政治教育的深度和广度明显不足，真正渗透到数学课程中的思想政治资料不多，学生校外思想政治实践学习活动不够丰富。

第四，信息技术融合运用不明显。数学本身逻辑性较强，涉及的内容大多为数量运算，具有抽象性特征，因此需适当运用信息技术为学生展示生动形象的数学内容。然而教师在教学中只简单借助多媒体技术为学生展示数学课件，并未真正运用信息技术为学生展示数学教学中的思想政治内容，没有达到课程思想政治的教学效果。如在向量计算中会涉及向量的大小和方向，这些内容十分抽象，就需要教师借助流程图、相关视频或者生活实际中的向量案例帮助学生理解。但在实际教学中，教师仍旧以口头讲述和习题练习为主，使得学生对向量大小和方向的认识不够清晰和全面。

1. 加大教师培训力度，实现思想政治元素融入常态化

"互联网+"时代的到来要求高职院校"文化基础与专业知识并举，两手抓，两手都要硬"。高职院校应积极安排基础课教师参与现代化教学手段与思想政治教学理念的学习，安排国内思想政治专家进校授课，改变现有的教学风气。文化基础与专业知识好比学生的两条腿，少了哪一条都不行。同时，高职数学教师"打铁还需自身硬"。教师应通过网络平台与兄弟院校教师互动学习，积极参加行业内教学评比，提升自身教学能力，摒弃落后的教学理念，跟上"互联网+"时代的步伐。

2. 发挥好课堂阵地作用，渗透思想政治教育

用好课堂教学主渠道，强化思想政治引领，可通过两个环节来实施。

新生第一次上数学课，教师需要进行课程介绍和导学，要向每一位学生阐明开设高职数学课程的意义以及高职数学的培养目标和学习方法，让学生了解高职数学课程对本专业学习的实际意义。如以统计、审计专业为例，在上第一节数学课时就应该强调数学对本专业的重要性，其原因在于数学是统计审计的工具，而且统计审计工作者使命重大，工作意义非凡，而专业技能掌握程度与数学基础的好坏有一定的关系。教师还可以列举我国近几年取得的重大工程项

目和科技成果，如脊柱微创手术机器人、京津城际和京沪高速铁路、中国实验快堆工程、"蛟龙号"载人潜水器、中国天眼、天舟系列货运飞船、墨子号量子科学实验卫星、天河二号和天河三号超级计算机、国产大型客机（COMAC919）等，进而激发学生的爱国主义情怀。同时也可以列举一些反面事例，如曾有沱江大桥垮塌之类的严重事故发生，告诫学生不仅要有扎实的理论基础和熟练的专业技能，还要有崇高的道德修养。另外，教师要利用好45分钟课堂，在教学中加强思想政治教育。在数学教学中融入思想政治内容，并非单纯地说教，而是将数学知识中蕴含的思想政治理念渗透讲解过程中，让学生受到感化、教化。

例如，在讲解函数的导数时，教师可以针对"网络提速、网络降费"这一热点问题导入导数的概念，开展教学过程。又如，在讲授数列的极限时，可以谈谈极限在中国的发展史。刘徽（约225—295年），魏晋期间伟大的数学家，中国古典数学理论的奠基人之一，提出了"割之弥细，所失弥少，割之又割，以至于不可割，则与圆合体而无所失矣"的割圆术理论，这就是我国古代极限概念的锥形，他还利用割圆术科学地求出了圆周率 π ≈ 3.1416 的结果。祖冲之（429—500年），中国南北朝时期杰出的数学家、天文学家。他第一次将圆周率 π 精算到 3.1415926 和 3.1415927 之间，精确到小数点后第七位。直到 1000 多年后的 16 世纪，阿尔·卡西（阿拉伯数学家）才突破了这一纪录，因此，圆周率在国际上也被称为"徽率"和"祖率"。通过介绍我国古代数学家的辉煌成就，学生的民族自豪感和爱国热情油然而生。再如，学习定积分的应用时，教师可以先介绍赵州桥的有关资料，"赵州桥建于公元605－618年，已有1400多年的历史，由李春设计并主持建造，是世界上跨径最大、现存最早、保存最好的古代石拱桥，历经了多次水灾、战乱和地震，都未遭到破坏"。20世纪90年代，美国土木工程（师）学会将赵州桥选定为"国际历史土木工程里程碑"之一，并建造纪念碑颂扬之。再要求学生根据"桥长64.40 m，跨径37.02 m，拱高7.23 m"，用定积分计算赵州桥拱形面积。通过了解赵州桥，学生体会到了"大国工匠"精神，从而有效实现了知识传授与价值观教育的同步进行。

3. 挖掘蕴含的思想政治元素

在高职数学的教学中，为了解决内容多、时间紧的问题，教师可以根据实际情况调整教学内容，降低对数学知识系统性的要求，删减繁难偏旧的知识，突出数学核心素养，挖掘知识背后蕴含的深厚的数学文化。

（1）注重哲学思想的提炼

数学家波尔达斯说过："没有哲学，难以得知数学的深度，当然也难以得知哲学的深度，两者相互依存。"在数学教学中加强对哲学思想的认识，不仅能够使学生更好地理解数学知识，而且能够提高学生运用辩证思维分析问题、解决问题的能力。

数学中蕴含着丰富的哲学思想。例如，在计算曲边梯形的面积时，通过"分割、近似代替、求和"得到曲边梯形面积的近似值，当分割无限细化，并且使每一个小曲边梯形的底边长都趋于零时，用小矩形的面积代替小曲边梯形的面积，而所有这些小矩形面积和的极限就是曲边梯形面积的精确值，其中蕴含着"以直代曲""由有限到无限""由近似认识精确"等哲学思想。这些普遍存在的哲学观念，需要教师在讲授概念、公式、定理时加以提炼，并借助这些具体知识加深理解，以达到更深刻认识事物本质的目的。

（2）引入数学名人故事，培养道德情操

数学是自然科学的王冠。马克思说："一种科学只有成功地运用数学时，才算达到真正完善的地步。"无数科研成果，无不是在数学发展的基础上得来的。数学名人故事的引入可以培养学生的道德情操，加强文化素养，建立责任意识。

苏步青（1902—2003 年），中国科学院院士，中国著名的数学家，中国微分几何学派创始人，被誉为"东方国度上灿烂的数学明星""东方第一几何学家"，在仿射微分几何学和射影微分几何学研究方面取得卓越成果。1931 年，苏步青放弃国外待遇优厚的工作，回国任教。苏步青在浙江大学任教期间，生活十分艰苦，面对困境，苏步青的回答是："吃苦算得了什么，我甘心情愿，因为我选择了一条正确的道路，这是一条爱国的光明之路啊！"

当讲解拉格朗日定理的时候，学生问："数学有以中国人命名的定理吗？"那么华罗庚的故事是最好的回答。华罗庚（1910—1985 年）1950 年放弃美国研究院工作，毅然回国，他以初中学历，自学成为世界顶级数学家，也是美国、德国等国的科学院院士。华罗庚在代数学、多复变函数论、数值分析等领域做出了一系列重大贡献，如以他名字或姓氏命名的定理方法有：嘉当 – 布饶尔 – 华罗庚定理、华氏算子、华 – 王方法等。

古今中外的数学大师很多，他们或者为民族崛起而努力，或者胸怀天下，或者在所热爱的领域废寝忘食。这些案例在课程讲授中合理地引用，既能调节课堂气氛，也能培养学生拥有正确的三观。

4. 融入数学史丰富教学内容

数学发展的历史可以简单概括为数学史，而就数学史的具体分析来看，其内容包括数学发展的基本进程，数学发展各个阶段的重要成果，数学发展的规律以及与数学发展息息相关的人物、事件等，可以说，数学史是一门综合性比较强的学科。数学严密的逻辑性和显著的抽象性，使得学生学习起来比较困难，很多学生对数学没有产生浓厚的兴趣。所以将数学史融入数学教学中，不仅可以帮助学生拓展知识体系，还能够吸引学生的注意力，实现学生数学学习兴趣的全面提升。此外，通过数学史的学习，学生了解了我国数学发展的显著成果，这对激发学生的爱国热情有积极的作用。

总的来讲，在数学史的教学中，主要讲授两部分内容。一是讲授数学知识的基本由来，帮助学生认识数学的本质。例如，在一元函数微积分讲解的过程中，可以通过强调微积分的发展史让学生了解核心概念的具体由来，从而使学生在充分了解数学发展规律的基础上明确微积分概念的本质。如导数的具体起源需要追溯到 17 世纪"两个问题"的解决，这"两个问题"最终求解的均是变化率，所以说变化率问题就是导数的本质。通过具体知识基本由来的讲述，让学生明白数学的抽象和严谨是因何而来，这样学生对具体内容的理解会更加深刻。二是讲述中国辉煌的数学成就。我国数学方面成就的获得相较西方而言更具历史感，通过追溯历史，学生的民族情感和爱国热情被点燃，爱国情感会显著增强。例如，在讲解极限概念时，教师可以将我国战国时期的"一尺之锤截半法"和魏晋时期的"割圆术"引入，通过对数学史成果的深刻了解，激发学生的民族自豪感和爱国热情。当然，我国古代在数学方面的成绩不仅如此，教师在后续的教学中持续不断地进行优秀成果的渗入，学生的民族自豪感和爱国热情就会持续高涨，如此一来，学生的爱国主义情怀得以培养。

5. 开展高职数学课程思想政治的评价指标体系建设

课程思想政治理念融入高职数学教学过程，必须做好评价体系建设，在评价过程中积极融入思想政治的内容，真正实现课程思想政治的教育。高职数学教学评价过程中，要以学生的学习成绩为主。虽然近些年评价体系在不断完善，但很少涉及思想政治方面的内容，一些高职学校虽然将学生课堂表现、迟到早退等信息纳入评价当中，但在具体实施中的效果不是很好。因此，在课程思想政治理念融入高职数学教学思想的指导下，高职数学教学应切实做好思想政治的内容建设，积极做好评价工作，一方面在评价过程中要进一步将迟到早退、课堂表现等纳入考核体系当中，并明确迟到早退、课堂表现在学生评价中的分值和占比，使评价体系更为健全；另一方面要加强高职数学评价教学指导工作，在教学中针对学生思想政治内容的评价做好解释和说明，在学期数学课程开始前，就将思想政治内容在评价中的分值、比重进行详细解释和说明，考核评价完成后要把涉及思想政治部分的分数进行明细公示，通过这种方式真正引起学生对思想政治评价体系的重视，提升学生对数学思想政治的认识，真正实现课程思想政治的价值。

实行教学效果师生双向打分制度，考查学生对教师的认可度和对课堂满意度，同时，也要提升对课程思想政治育人效果的评价比重，加大学生在教学过程中思想政治知识和意识的价值认同。坚定执行关于严守课堂政治纪律的规定，进一步认真落实领导干部教学督导制度、听课制度。运用不打招呼听课、集中观摩公开课等手段，强化评价过程管理，确立常态化、动态化、滚动式评价模式。

将师德师风和思想引领评价放在教师评优首位，突出教师的水平和实际贡献，特别是考虑在"立德树人、教书育人"方面的重大贡献。

在教师资格认证、职称评聘等工作中，实行岗位动态管理，不断完善职称评聘的标准和制度，严格落实"师德一票"否决制度，建立健全师德建设实施细则及长效机制，加强教师思想政治教育和管理服务。

6. 探索线上课程思想政治教学内容

（1）融入战"疫"题材，寻找有效育人结合点

疫情背景下需要全面开展线上教学，要做有温度的教育，让高职数学课程的教学与专业、与现实生活紧密结合，可结合疫情注重渗透数学文化、课程思想政治内容。在教学过程中，教师要根据疫情变化和防控实际寻到数学课程与疫情防控之间的结合点，并融入战"疫"题材，创新教学内容，在教授知识的同时增强学生战胜疫情的信心。可利用数学中的传染病模型、给药方案模型、人口流动预测模型、心理疏导与干预模型、健康风险评估模型来抓住主要因素，把实际问题数量化。同时，还可以在建模中融入德育元素，增强学生的文化自信和道路自信，培养学生刻苦钻研、勇于探究的科学精神。可以让学生利用数学知识来解决传染病病毒疫苗选择、交通物流和抗疫物资调配优化等与疫情相关的实际问题。还可以结合教学内容讲授与疫情相关的故事，如牛顿在1665年英国疫情期间停课不停学，完成了微积分等三大发现的故事，让学生真正体会到数学的应用价值，并能够学以致用，进行价值塑造，激发学生的求知欲，使学生真正热爱数学。

（2）搭建三维组合化新模式，寻找有效育人关键点

战"疫"期间，要将数学教学活动的自身特点与线上教学相结合，让学生主动参与到数学课堂的线上教学中来。可以依托互联网的超时空特性将数学课

堂搬到云端,在线搭建三维组合化的"数学实践+课程思想政治"教学育人新模式,将学生充分调动起来。三维指的是"课程平台+直播课堂+课程公众号",即基于在线课程平台的课前自主学习、基于直播课堂的课中合作学习、基于课程公众号的课后体验学习。课前,可利用在线课程平台让学生了解学习内容的时代背景、哲学思想、美学元素以及数学家探索求真的过程,并提出与疫情相关的实际问题让学生思考,使学生能够带着问题进入对基本知识的学习、讨论、交流,最后完成相关测验。课中,可利用在线直播来渗透数学文化,积极围绕课前提出的疫情实际问题进行教学,并融入数学建模,让学生进行合作探究、互动交流,帮助学生构建完整的知识体系。课后,可利用课程公众号推送随堂小微课,让学生进行体验式学习,主要包括疫情数据通报、疫情中的数学小模型求解、战"疫"数学学习随笔记录等。三维组合化的教学育人新模式为抗"疫"中高质量的高职数学课提供了有力的支撑。

7. 通过典型案例融入思想政治元素

数学中的概念、符号、性质、公理、定理、公式等往往都蕴含着丰富的哲理,很多数学知识和生活都有密切的联系。在数学教学中,可以结合数学知识,通过典型案例融入思想政治元素,开展对学生的思想政治教育,加深学生对数学知识的理解,促进学生对数学知识的应用,提高学生的综合素养。

8. 积极拓展思想政治教学环节

教师应拓展单一的课上教学环节,充分利用课余时间,丰富知识,积极创新。

（1）课前博览

搭建数学课程网络平台,建设资源,教师以视频动画的形式向学生介绍每个知识模块的出现背景,推荐学生阅读《周髀算经》《九章算术》《孙子算经》《缀术》《数学原理》《几何原本》等数学经典名著;介绍相关数学家的励志故事,彰显中国古代数学家的智慧,提升学生自豪感,大幅度提高学生对数学课程学习的兴趣。

（2）课堂舞台

每次课堂上,教师利用5分钟的时间,让学生分享自己知晓的数学故事,或者讲述自己在数学学习过程中遇到的困难及其解决方式。通过分享能够让学生更加自信,也在生生影响中传播正能量。

（3）课上讨论

教师应变课上"满堂灌"为"讲授讨论结合"的模式,突出学生的学习主体作用。随着计算机的普及、数学软件的集成,计算的难度已经大幅度降低,学生可以把时间和精力投入对思想的理解和对方法的讨论中来，从大局上把握数学建模思想，体会数学的魅力，建立自己的知识网络，进行建构学习。

（4）课下创新

教师应鼓励学生在现实生活中结合数学建模思想，主动发现问题，建立数学模型或设计数学实验，分析和解决问题，分享学习过程中的经验。

课程思想政治是高职院校文化育人过程中需要进一步探索的工作。高校所开设的课程要发挥育人作用，就要努力实现思想政治教育与知识体系教育的有机统一，形成协同育人的效应。高职数学课程融入思想政治教育的路径还需要不断拓宽。教师在今后的数学教学中不仅要给学生传授数学知识，还要将教学目标和课程德育目标相结合，要注重将数学中所体现的素养知识有机地融于课堂教学中，要注重挖掘数学课程中的思想政治教育元素，实现立德树人的教学任务，努力做到既教书又育人，最终使学生在科学文化素质和思想素质方面都有所提升。

（四）基于数学素养培养的教学内容重构

数学素养包括数学知识、数学方法和数学精神，是通过数学学习形成的一种学数学、用数学、创新数学的修养和品质。在互联网时代，对于大学生创新能力的提高、创新思维的培养，数学素养是关键。

1."互联网+"背景下提升高职学生数学素养的迫切性

第一，互联网信息时代发展之所需。新加坡南洋理工学院陈冀平教授的《教与学之有效途径》中说到，婴儿潮（1946—1965年）—X世代（1965—1981年）—Y世代（1981—2000年后），其科技特点是"无知—跟得上—精通"，教育特点是"告诉我要做什么—告诉我要怎么做—告诉我为什么这么做"。如今的高职学生正是处于Y世代的年轻人，教师需借助互联网走进他们的心里。的确，飞速发展的互联网给教育带来了翻天覆地的变化。丰富的网络资源，如慕课、微课、在线课程等，学生遇到不懂的问题除了查阅书籍，会习惯性地上网享受优质资源；遇到不会做的题目，学生通常用百度等搜索或在社群里讨论获得答案。互联网在成为教育发展的助推器之时，高职院校教师应正确引导学生使用。数学的用处之广，数学素养的作用之大，只有具有较好数学素养的人方能灵活运用。所谓的数学素养简单地说就是把经过长时间所学的深入骨髓的、吸收并沉淀下来的数学知识精华，能从数学的角度理性地、严密地思考，清晰而又准确地表达，能用逻辑推理的意识和能力来处理问题，对待工作做到运筹帷幄。陈省身先生曾说"数学是有用的，数学是好玩的"。借助互联网的功能及优势来更好地培养和提高学生的数学素养，这也是信息时代赋予高职院校的重任。

第二，高职数学课程的改革方向之所趋。如今高职院校的学生规模和创新模式已发生了巨大的变化，许多企业需要大量的具有数学素养的学生，终身学习是大势所趋。结合高职院校的特点和学生的知识结构，我们并不需要让学生学习精深的数学理论知识，而需注重培养学生数学素养相关的数学思想、数学意识及求真务实的品质。培养高职学生的数学素养和能力才是高职数学教学的最终目的，也是大势所趋。高职数学是一门重要的基础课，对后续课程学习，尤其是诸多专业基础课和专业课的学习有着举足轻重的作用。高职数学教学在教会学生知识技能的同时，更重要的是教会学生领悟数学的思想方法和精神实质，培养学生的逻辑思维能力。有了良好的数学素养可以帮助学生更好地适应社会与日常生活，培养学生高尚的审美情趣，这种理性素养是其他学科所无法替代的。

第三，毕业生用人单位之所需。通过高职阶段的教学，学生所学的数学知识或许不能在工作岗位上立竿见影地应用，但其留下的精华会深深扎根于学生的头脑之中，即数学素养会伴随学生终身。数学知识、数学方法、数学思维是数学素养产生的基础。调查显示，思维能力强、反应快，善于把各类纷繁复杂的工作有序化的学生，越来越受到人力资源工作者的青睐。目前高职毕业生很多从事的是非本专业的工作，对口率不是很高，这就更需要综合的特别是理性思维的数学素养。数学教育工作者，应围绕提升学生数学素养，更新数学教育观，以及改革现有高职数学课程的教学方法和考核方法而展开工作。

2.提升高职学生数学素养的教学策略

（1）借助"互联网+"优势，密切与专业的联系

第一，对高职数学的教学内容重新建构，密切与专业的联系。在学习各专业基础知识的前提下，有些知识各专业可根据专业的不同有选择地进行学习。

第二，教师应具备数学应用意识。借助互联网平台，课堂教学中，教师要尽可能地将与实际生活相关的案例引入课堂，让学生切身体会到数学的实际应用功能，让他们在想学、愿学、乐学的状态下比较轻松地掌握高职数学的基本理论，增强他们运用数学方法分析解决专业问题的能力。

（2）用数学之美激发学生的学习热情

数学具有高度的抽象性、严密的逻辑性，以至于学生在数学学习中会觉得枯燥乏味，晦涩难懂。这便需要教师引领学生发现、体会数学之美。我国著名的数学家华罗庚曾经说过："就数学本身而言，是壮丽多彩、千姿百态、引人

入胜的……认为数学枯燥乏味的人，只是看到了数学的严谨性，而没有体会出数学的内在美。"

数学之美体现在统一性、对称性、简单性和奇异性。在课程教学中有很多例子可以展现数学之美。例如，《九章算术》中的"割圆术"体现了古人用极限思想来解决圆的面积的问题；又如，著名的黄金分割比在艺术作品、建筑设计中都有广泛的应用。总之，数学之美无处不在，需要教师在教学过程中借助信息技术工具加入相应的案例，让学生体会到数学的美感。

（3）通过翻转课堂培养数学素养

学生数学素养的培养，可以通过翻转课堂来实现。例如，"数列求和"一节中关于"储蓄的计算"，主要介绍了存款利率以及个人所得税的相关计算方法，可以让学生在运用数学的过程中，来介绍国家储蓄的一些政策，切身体会到数学的实用价值。同时，可以在考核考试的过程中培养学生的数学素养，如在考试试题的设计上把将要考察的数学知识同现实生活尽量联系起来，让学生觉得数学知识更加贴近生活，同时教师也更能关注学生对数学的心理发展。

（五）以数学应用能力培养为主线的教学内容重构

在高等教育中，数学有着很重要的地位，它不仅是很多理工科的基础课程，而且在实际中也有较强的应用性。现在高职院校的数学教学多以理论灌输为主，很少结合实践，使得数学教学质量低下。所以我们学习高职数学不能只停留在解题的过程上，而要深刻理解它的思想和内涵，这样才能更好地将数学应用到实际中。有人说在生活中完全遇不到解未知数的方程、求导、求极限、求定积分、求不定积分这些问题。这些问题虽然不会直接出现，但是在推导过程中的思维方式却会引导我们探索未知世界。这一过程中培养了数学应用能力。数学应用能力是指使用高职数学理论知识和高职数学思维模式来解决生产生活中的实际问题的能力。培养高职学生的数学应用能力，可以有效地提高学生的逻辑思维能力、创新能力、抽象概括能力、数学建模能力和分析解决问题的能力。教师要努力改进数学教学方法，使素质教育与理论教育融为一体。

1. 融合微课思想创设数学知识应用空间

数学知识本身应用性较强，教师教学中不仅要帮助学生较好地掌握与学习数学知识，同时也要让学生较好地进行学科知识应用。从教学层面看，高职教师应融合微课思想，为学生进行数学知识应用创设更为广阔的空间，使学生的数学知识学习与应用更为紧密地联系在一起。例如，在进行圆的方程相关知识讲解时，教师可预先搜集微课资源进行重点讲解，并在教学中将课堂最后十分钟作为微课时间，着重进行参数方程以及直线和圆的关系等重点知识的讲解。在此基础上，教师应当围绕巩固学生对学科重点知识的认识，注重学生数学应用意识培养和提升这一目标，布置一些具体的习题，让学生通过小组讨论，抑或是其他途径进行习题解答，这也是学生对所学知识进行应用的一个具体过程。特别是在每个单元的知识学习后，教师应当通过开展专项的知识应用活动，同学生一起实施数学知识的应用，这种做法也能为学生提供更多的知识应用机会。将习题解答及专项的知识应用活动作为教学中的基础构成后，很多学生也可以养成数学知识应用的良好习惯，这自然可有效促进学生数学应用意识和能力的不断提升。

2. 联系实际创设自主学习情境

在教学中创设有效学习情境，有助于引导学生将相关知识与具体实际联系在一起，提高他们对相关知识的理解应用能力，还能够增强课堂教学的趣味性，有助于培养学生学习相关知识的兴趣。因此，高职数学教师可以在教学活动开展之前，利用网络查找搜集一些实际生活中有关教材内容的趣味案例，然后在教学导入环节将其展示给学生观察、分析，并结合生动的语言向学生描述一个完整的生活情境，调动学生的情绪，让学生在情境中联系实际，自主理解学习教材内容，提高他们学习数学的积极性，培养他们的数学应用意识。同时高职数学教师还可以在创设学习情境后，设置一些数学问题，引导学生在自主学习的过程中应用教材知识对生活中的这些现象进行自主思考、分析探究，提高他们的学习效率，提升学生的数学应用能力。

3. 利用 SPOC 教学模式培养学生的数学应用能力

以线性代数教学为例，授课过程一般也分为三个阶段，从时间上分为教室内授课前、授课中、授课后；从空间上分为线上、线下、线上；从知识上分为传授、内化、强化。

在上课前，在线上网络学习平台上传微课视频，通过 QQ 群或微信群向学生发送本次课需要的有关课件资料及学习要求。学生基于这些资源进行自主性学习，目的是掌握基本知识点，为课堂教学阶段的研讨协作做好准备。如向量空间这一节中的概念较为抽象，掌握起来难度较大。在课堂教学之前，教师把向量空间的预习任务和单元教学大纲、教学课件、知识点微视频、相关实际案例等资源提前一周下发给学生，要求学生独立完成课前准备工作。教师根据网络学习平台对学生的自学情况进行总体把控，及时督促并指导进度落后的学生完成自学。线上微课讲授的好处在于教师能观察和跟进学生的学习进度，掌握学生的学习效果，学生的学习在时间上更加灵活，地点不固定，所以可以重复观看微课视频学习授课内容。如果教师发现大多数学生学习进度较慢，或者缺勤率较高，可以选择一个固定时间，如利用自习课在多媒体教室集中观看。

教师应该调整常规教学模式，在上课前收集学生线上学习出现的问题，汇总提炼，确定教学内容。课堂教学主要采取合作研讨式方法。首先，学生在教师的组织下分成若干学习小组，教师通过提出引导性问题让学生通过组间、组内讨论，解决线上学习遇到的困难，巩固所学的知识。其次，教师拿出准备好的讨论案例，组织学生分组讨论，培养学生探究问题和解决问题的能力。教师在学生讨论时进行巡回指导，帮助学生解决遇到的困难。针对学生共性问题，教师统一讲解。最后，借助课堂实施评价体系，师生共同参与完成相关评价活动。讨论案例要有应用性，讨论最关键的问题，从而得出相关结论。这弥补了在线微课学习中缺乏互动的缺点。如在学习矩阵和线性方程组知识后，对于经济类专业的学生可以讨论学习里昂惕夫的"投入－产出模型"，列出投入产出平衡表，并写出产品分配平衡方程组和产值构造平衡方程组，最后对平衡方程组进行求解。

在课堂上，教师的角色是指导者和促进者，在传授知识的同时，要通过各个教学环节逐步培养学生的抽象思维能力、逻辑推理能力、空间想象能力和自学能力，重点培养学生知识迁移、应用的能力。

在课下，学生对知识内容的掌握程度是不同的，需要在课后及时进行吸收和消化。教师对课堂探究中出现的问题应进行整理解答总结，并发布到网络平台中，同时发布练习作业，对知识点再一次进行强化。QQ 群和微信群是课后交流的主要场所，学生可以对教学内容发表看法，也可以提出自己的问题，同时回答别人的问题，真正实现协作式学习。教师可以提供一些课外拓展的学习资料放在网络平台上，鼓励学生通过查阅资料自主完成。

总之，培养学生的高职数学应用能力是一个长期且复杂的过程，需要教师不断地摸索。在课堂效率低、学生知识吸收匮乏的情况下，教师要尽量挖掘出课本内容所要表达的思想，利用互联网技术使难以理解的知识形象化，提高教学质量；教师要更新观念，改进方法，利用多元因素引导学生发现问题、解决问题。教师在传授知识的同时，要注意启发学生思维，注重方法的传授，以响应教学改革的号召。

三、创新评价方式

（一）立足实际，完善创新教学考评体系

目前，大部分高职院校根据学校制定的人才培养目标等要求已经建立了相应的评价体系，但是很多评价体系仍然采用的是传统的评价方式，难以适应教育信息化高速发展的要求。一个好的评价体系能够有效地检验教育信息化是否达到最起码的要求。不可否认，高质有效的考评体系要经历从理论到实践，再从实践到理论这样循环往复的完善过程。同样高质有效的考评体系要遵循系统性、科学性、动态性和实践性这四大原则，同时，也必须将高职数学教学的目标和人才培养的目标纳入考虑范围，高职数学课程与其他课程并不完全相同，所以应当根据各个高职院校的实际情况，在遵循四大原则的基础上，合理构建考评标准，创新建立符合自身学校特点的科学考评体系，并在实践中不断地检验完善。

（二）遵循过程性与终结性评价相结合原则

从成果导向的教学理念来讲，高职数学课程教学评价实施的最终目标，其实就是确保所有学生都能够成功学习。因此，在实施教学评价体系的过程中，也需要注重过程性与综合性相结合，根据每一位学生的个性特征在每一个教学阶段均设置相应的梯次小目标，并且确保这些梯次小目标都满足"最近发展区"理论的要求，即能够达到基本的学习目的，也能够达到促进发展的目的。

原有的课程教学评价由平时成绩（占 50%）与期末考试成绩（占 50%）两部分组成，平时成绩主要来源于出勤、作业完成、单元测验和上课的表现。原有的考核评价不能全面、客观地反映学生实际，所以要在考核过程中充分考虑信息技术的运用，运用互联网技术开展学生自评、学生互评、家长评价以及教师评价等多角度、多方位的多元考核评价体系，达到全面、客观地评价学生，保证学生均衡、可持续发展。修改后的考核方式为课前考核占 20%，课中评价占 30%，理论考试占 30%，平时成绩占 20%。例如，课前通过泛雅网络教学平台上传学生工作页，要求学生通过课前预习完成学生工作页任务，运用互联网技术展示学习成果并请学生、教师、家长对此做出评价，教师针对答题与评价情况更好地把握知识的难点、学生的掌握情况等。通过构建课堂多元考核评价体系，可以更科学、更客观、更真实地评价学生的学习效果，从而更好地实现高职数学的教学目标。

（三）确保考核方式多样化

1. 秉承科学教学考核和评价理念

须知高职数学的教学和普通高校有着明显的差异性，其本身保留有较强的基础和工具特性，重在完善劳动者素养，这无形中又令高职数学教学评价面临严峻的改革挑战，即需要保证在灵活使用信息化技术完成数学教学考核与评价任务的基础上，兼顾高职数学为学生专业知识学习、职业技能锻炼等服务的要求，所以，预先督促教师树立起标准化的教学考核和评价理念，便显得势在必行。具体就是要求教师及时改掉传统的评价习惯，在关注学生的应试成绩和职业技能锻炼水平之余，实时激发个体自主学习的欲望；灵活使用信息化技术开发健全的考核形式，并保证整个评价过程和学生专业相对接，令学生的逻辑思维和数学应用等能力得以同步提升。

高职数学教学的主要任务在于培养劳动者素质，具有较强的基础性与工具性。这也对信息化教学下高职数学教学评价模式提出了更高的要求，要求信息化教学下高职数学教学在教学中要能够做到突出数学学科为学生本专业知识服务的特点，评价主要以实现学生的专业学习、未来的工作为基础，要求高职数学教师在对学生进行评价时，要树立正确的评价观念。例如，高职数学教学在教学中应转变以往的评价模式，不仅要注重学生的学习成绩，更要注重学生的实践技能，重要的是要培养学生的学习兴趣，只有学生对该门学科产生兴趣，才会主动学习。在新课程改革下的信息化教学中，高职数学教师在对学生进行评价时，更应该改变传统的评价模式，不仅要注重考核的形式，还要注重评价与高职学生的专业学科相衔接，全面促进高职学生逻辑思维能力与数学应用能力的提高与发展。

2. 配合信息化技术开发有效考核模式

因为长期受传统教育理念的约束，许多高职数学教师都习惯于机械式讲解教材内容，很少顾及学生掌握与否，许多高职学生因为跟不上授课进度而逐渐产生懈怠厌烦心理，学习效果大打折扣。为了一改这一消极状况，高职数学教师需在教学评价过程中，充分考虑各类学生专业特征，并配合信息化技术设置专门的考核程序。具体就是预先基于高职学生数学学习状况、接受能力等进行明确的层次划分，再结合各类专业课程和实训等规范标准树立起可靠的评价体系，开发模块多元化且弹性、互动性都较强的考核方式，借此满足学生今后职业岗位发展等各项需求。经过阶段化检验发现，这类考核方法不单单有助于调动学生的积极性，强化个体的职业技能，同时更能够带动整个高职数学教学的深入发展，值得广大高职数学教师予以大力推广使用。如大力提倡学生利用MATLAB等软件进行微积分等课题内容的分析和解答，在期末考试中增加相关机试内容，如此便可以激发学生灵活处理数学问题的意识，提升他们的技能，为日后适应不同岗位工作环境做足准备工作。

3. 全面建立健全考核评价模式反馈

在应试教育的影响下，很多高职教师在信息化教学模式下对学生成绩的评价模式还主要是通过笔试成绩对学生进行评价。教师认为，通过考试可以知道数学学科的教学成果以及自己的教学效率，最重要的是可以对学生的学习成绩做出有效反馈，教师可以通过考试了解学生对知识点的掌握程度。由于这种评价模式的存在，教师不能掌握学生的真实学习情况，这种现状的存在使得教师对于学生的评价并不真实，也使得高职数学教师在信息化教学模式下想要转变对学生的评价模式、促进评价模式多样化必须建立健全考核评价模式。例如，数学教师要做好对试题的命题、考试及阅卷工作，当然还有试卷分析等重要环节，注重各环节之间的监督以及学科成绩反馈情况，在遇到问题时，要能够及时解决。此外，在考试结束后，教师不应该就认为考核结束，还应该对试卷进行认真的分析，总结出在教学以及评价中存在的问题，并及时解决问题，根据学生的实际情况改正教学以及评价中存在的问题。另外，对于学生提出的评价模式，教师也应该采纳，学生对现存评价模式提出的不足，教师也应该加以整改，全面建立健全考核机制的反馈模式，实现高职数学教学的真正促进作用。

（四）选择信息化教学评价工具

常见的信息化教学评价工具可以分为两大类：形成性评价工具和总结性评价工具。其中常见的形成性评价工具有以下几项。

1. 电子档案袋

电子档案袋主要包括以下几个基本元素：每一单元的学习目标；学生作业情况；学生学习态度；教师指导；学生自我反省。

2. 评价量规

它是一个评价工具，对学生的作品、成果和表现进行评定，给出评定标准，并说明评定标准下每个等级的表现是怎样的。

3. 学习契约

它是教师分别和每位学生协商拟定的书面资料，清楚地写明了学习的内容、学习的程序和方法以及评估的方式等。学习契约的制定，主要是为了培养学生规划学习的能力和增强学习者自我学习的责任心。

熟悉的总结性评价工具是试卷。大多数人认为试卷考试不能全面地考查学生，考试会受到很多因素的影响，如考试环境、学生心理素质等。但是不可否认，通过一次考试，学生能够巩固知识，也能找到平时学习存在的问题，还能让学生之间形成竞争，保持一个良好的学习环境，有利于学生的进步。

对学生的评价直接影响学生的学习兴趣和学习信心，特别是在高职数学教学中，一套完善的评价工具是非常必要的。信息化教学评价工具在高职数学中的应用，能够很好地弥补传统评价工具（即单一考试）的不足，使学生全面了解自己的学习过程，认识到自己的优势和不足，树立自信心，实现自主发展和主动发展。

（五）多元评价体系的构建

在"互联网+"背景下，利用网络教学平台开展辅助教学成为新常态，如大学 MOOC、爱课程网、问卷星、学堂在线等的应运而生。高职院校的教师应与时俱进，不断探索新的应用模式，在教学理念、教学方法、教学手段和教学评价方面进行重构。目前，大多数高职院校的数学课程的评价模式太过传统，评价方式单一，单纯地以期末考试分数来评价学生整个学期的学习成绩，这显然并不科学。此种评价方式的弊端体现在：忽视了对学生学习整个过程的监督与评价，为终结性的评价，既不利于学生数学能力的培养，也不利于学生自身素质的全面提高。教师对学生学业评价的目的应为促进学生各个方面的发展，给学生一个客观公平的评判，从而带动教育教学的改进，以提高教学的质量和效率。因此，建立科学的高职数学课程学生学业评价体系，以有效评价促进教和学，是高职数学教学改革的当务之急。

利用大数据有助于实现高职数学教学质量多元评价体系的构建。

1. 高职院校教学质量高低应该参考教学全程监控

传统高职院校相关管理者在评价高职院校教师实际教学水平时，通常会采用定期检查的制度，进而使得高职院校教师在实际考核之前会做好相应准备，将存在的教学不足隐藏起来，这不利于对高职院校教师实际教学情况做出综合全面的评价。因此，在高职院校教师实际教学过程中，为了能够有效考察高职院校教师实际教学水平的高低，可以有效利用大数据在班级内部安装相应远程监控，进而使得相关管理者对高职院校教师的实际教学过程做出真实有效的评价，从而得到更加真实准确的考核结果。同时也在一定程度上使得高职院校教师在实际教学过程中有一定的约束能力，能够积极有效地端正自身言行，在实际教学过程中增强自身服务意识和责任意识，从而为学生讲解专业化的知识内容，并能够用自身综合素养促进学生的成长和学习。

2. 建立制度的约束性、激励性

多元评价体系建立在"以人为本"的基础上，在教学管理中重点关注的是教师的成长、学生培养质量的提升，通过评价制度对教与学进行约束，并促进其提高。与传统的评价机制相比，需要教学管理者有更扎实的管理知识和更科学先进的教育理念，在执行多元评价体系时，高职院校要结合实际情况与投入力度给予一定的奖励，适时调整评价内容和奖惩规定，提升教师的积极性和主动性。

3. 结合教学管理系统监控

将教学管理制定为一个系统、动态、有效的多元评价体系，同时兼顾学校与企业、专业与课程及教学的相互平衡。①学校、企业的保障。良好的保障体系是促进和提升职业教育产教融合的重要载体。学校方面应结合高职教育特点，升级完善评价管理平台的各功能模块，针对不同教学类型、不同岗位设置不同的动态评价指标权重，及时反馈评价结果；企业方面应在进行严教融合、协同育人过程中，积极配合学校评价平台，提出修改意见或建议，使得评价体系更加合理有效。②专业与课程及教学的相互平衡。高职教育应根据自身专业特点和人才培养模式，积极为企业提供所需的专业人才，并对人才培养质量进行充分调研。特别是对合作企业，应多听取合作企业的意见和建议。课程建设要满足企业和产业链的需求，教学管理要满足人才培养的需求，形成一个相互平衡的系统。

4. 建立评价互动机制

高职院校在实际评价教师教学水平时存在一定的片面性，只是采取单向评价体制。同时，高职院校教师对自身实际教学情况中存在的优点和缺点不够明确，不利于在接下来的教学工作中实际改善自身教学行为。因此，在实际评价高职院校教师教学水平时，应该综合考虑学生和教师的意见，建立单一评价体系，完善评价互动机制。例如，应该选出一部分学生对高职院校教师实际教学水平进行评价，利用大数据信息化技术对学生与教师之间的意见进行综合评估，进而在一定程度上使得高职院校教师实际教学水平得到有效提高，使教师充分认识到自身在实际教学过程中存在的问题和不足，在今后实际教学过程中能够加以改进，防止在实际教学过程中的盲目性和片面性，从而有效提高自身教学水平。

5. 实行多方位评价

随着我国科学技术水平的逐渐提高，大数据逐渐应用到高职院校实际教学过程中的各个方面。这不仅有效提高了高职院校教师的实际教学效率，一定程度上也为高职院校学生实际学习提供了更加便利的平台。同时，也应该充分运用大数据信息化技术，进而使得教学评价体系能够更加完整化和科学化。例如，在实际评价高职院校教师教学质量时，运用大数据信息化技术对高职院校教师实际教学院部进行合理有效的划分，在实际评价高职院校教师教学水平时，应该按照同一院部和不同院部的信息进行评价，在实际评价之后，更应该利用大数据信息化技术对不同评价结果进行统一判断，进而有效避免在高职院校实际评价教师教学水平时存在一定的片面化和无序化。同时，在运用大数据信息化技术分析高职院校教师基础教学质量时，更应该有效分析高职院校教师在实际教学过程中容易出现的教学质量问题，进而使得高职院校管理者在后期实际培训中，注重对这方面问题的讲解，有效提高教师教学质量。

第四节 互联网时代高职数学教师队伍建设的新变化

一、互联网时代高职数学教师队伍质量现状

在信息化环境下，高职院校教育呈现出如下特征：教育资源共享化、网络化；教材形式多媒体化；教学管理自动化、智能化；学生学习自主化等。信息技术在给高职院校教育信息化提供支持服务和技术保障的同时，也给教育领域带来了巨大的冲击，给高职院校的教师带来了新的挑战。例如，教师要具备现代教育观念，具有良好的信息素养，能够掌握现代教育技术，适应新的教学模式，具备良好的人格品质并注重人文关怀，具备终身学习的能力等。目前，虽然计算机、多媒体等信息技术在高职院校得到了一定的应用，但由于受传统教育观念的影响，教师教育这样的传统专业还存在一些不尽如人意的方。

（一）对信息化的理论认识不足

一种体制和制度的创新取决于观念的更新，教育信息化需要教育观念的信息化。然而，部分教师固守传统的、陈旧的教学观念，没能树立现代化的教学观念，不能真正了解信息化的本质、目的和内在含义，对信息化未来的发展趋势更是缺乏正确的认识，这些问题都是阻碍教育信息化快速发展的因素。

（二）对信息化师资队伍建设的重要性认识不足

目前，一些高职院校虽然投入了大量资金购买现代化办公设备，注重教师的信息化培养，提升教学办公条件，但是教师对教育信息化发展的趋势以及信息化师资队伍建设的重要性的认识还不够，没能意识到信息化的师资队伍对培养适应时代要求的高级人才及教育信息化的重要性，他们仍然沿用传统的教学管理模式，使得信息化的作用得不到充分发挥，教学效率和效果未能得到明显的改观，进一步影响了学校教育的信息化进程。

（三）不能广泛应用现代教育技术

随着科技的进步，各类计算机设备和网络技术逐步在高职院校普及，结合了信息技术的现代化教学管理理念和方法成为高职院校的发展趋势，这种趋势必然要求高职院校的教师能够熟练掌握和运用现代化的教学管理手段。然而，高职院校的教师教育专业，一方面由于受传统教学模式的影响，有些教师的教学观念不能及时更新，尤其是部分中老年教师，习惯于应试教育的模式和传统粉笔加黑板的教学方式，满足于现状，不愿意接受信息化的教学方式。他们认为教师教育专业培养的是师资队伍，传统的板书是必要且不可替代的，甚至有人对信息技术持怀疑态度。另一方面多数教师信息技术基础较差，很少接触计算机、网络等，接受能力相对较弱。教师头脑中的"软件"跟不上硬件的发展进度，先进教学仪器设备利用率不高，甚至有些成为摆设，发挥不了应有的作用。这些都导致现代教育技术在教育教学中不能得到广泛应用。

（四）信息化师资队伍的培养体系不健全

信息化师资队伍建设是高职院校信息化建设的重要组成部分。然而，对于教师教育专业的教师来说，他们的信息化水平和能力相对薄弱且参差不齐，而且由于信息技术发展速度快，各类计算机设备和网络技术不断更新，教师需要不断地学习掌握新的信息技术才能跟上信息化建设的步伐，所以信息技术学习将是一种终身学习，贯穿教师的整个工作过程。高职院校需要建立一套系统的师资队伍信息化培训体系，建立健全可持续发展的培养机制，从而实现学校信息化建设的可持续发展。

（五）制度建设不够完善

高职院校的信息化建设中，将信息技术与课堂教学相结合，使信息技术走进课堂，并得到推广和普及，是信息化师资队伍建设的主要问题。这需要进行系统的安排和规范化管理，制定相应的规章制度和激励机制。目前，大部分高职院校对于非信息技术专业都缺乏完善的制度和规范的约束，这将影响信息化师资队伍建设的速度和效果。

二、影响高职数学教师队伍发展的因素

（一）教师教育理念落伍

教师的教育理念至关重要，它对教师的教学起着指导作用，而高职数学教师的教育理念比较落后。例如，高职数学教师的科研压力、教学压力较大，时间、精力有限，较少关注与学习新的教育理论与实践；多数高职院校之间没有形成学习、交流教育理论的氛围；数学基础理论的不变性使得高职数学教师多年沿用陈旧的教学经验，形成了难以改变的习惯。

（二）职前、职后的教师培训体系欠缺

目前，高职数学教师的数学专业知识能够完全达到高职教育对数学知识的要求，但教师的教学技能是较为欠缺的，故职前、职后的教师培训应是必需的。事实上，各个职业院校也开始重视对教师的职前、职后培训工作，但是绝大部分学校还没有系统化。例如，培训的课程知识或教学技能不明确，培训后考核这些知识与技能的标准没有细化成量规，没有制订考核后的改进方案等。

（三）缺乏适宜的教学信息化平台

高职院校中，数学建模课程可以培养学生的学习能力、创新能力，而数学建模对信息技术环境要求较高。大多数高职院校中信息化环境相对滞后，据调研，有的院校的数学实验室还存有笨重的老式计算机，有的院校只有几台计算机，这种现状无法满足建立教学信息化平台的实际需求。

（四）教师的教育信息处理能力有待加强

若教师不能对教学的各个环节进行设计、控制和评价，就不能对个人的教学能力进行相应的评估，教学成效可想而知。例如，某院校90%以上的高职数学教师对评价知识不够重视，课程教学评价的标准模糊，对自己和他人的教学欠缺客观评价；又如，某高职院校一位数学教师不能通过学生的课堂学习情况发现教学中存在的问题，直到学生将学习信息反馈到学院处理，该教师才开始分析问题、改进教学。

三、互联网时代高职数学教师教学水平提升策略

（一）增强学术交流、组建学习共同体

高职数学教师之间的协作能打破数学科研发展的僵局，创造更多的学术科研机会。数学教师间可互助学习，形成教学实践共同体；相同数学研究方向的教师可以组建科研共同体；数学教师与其他专业教师间可以建立跨学科的协作共同体，也可以与其他院校的教师建立跨地域的协作共同体。现代信息技术的发展，为以上共同体的发展创造了更多的实现机会。教师之间共同创造机会、分享经验会更有利于数学教育和科研的发展。

（二）增强高职数学教师科研意识和能力

高职数学教师相对于本科院校的教师而言，自身专业素质存在一定的差距，科研意识薄弱，尤其是在科研项目申报方面的意识和主动性不强，部分数学教师通常认为数学是基础课程，科研项目申报是专业课教师的事情，与自己无关，导致对科研项目申报的积极性不高。因此，需要数学教师及时进行大胆改革和创新。只有数学教师自身的科学研究能力得到较好的培养和提高，才能更好地适应教学工作。

1. 转变观念，提高个人科研意识

高职数学教师科研能力不强，究其原因在于个人。数学教师普遍缺乏科研意识，认为基础课程研究价值低，从而缺乏科研的积极主动性。针对这些问题，要想提升高职院校数学教师的科研能力，首先要转变教师的科研观念，提高个人的科研意识。在当今的信息化社会，知识更新日新月异，对于数学教师而言，更需要不断地向学生传授新知识、新技术，帮助学生持续健康快速成长，这就需要教师本身要具有较高的文化素质，及时更新自己的专业知识结构，具备较强的科研能力和创新精神。

2. 学校营造科研氛围，鼓励项目立项

在学校层面，由于普遍存在对数学科研的重视度不高，科研立项较少，使得数学教师对科研活动重视不够，继而影响了数学教师科研能力的提升。因此，需要改变学校层面的教育教学理念，在高职院校中营造良好的科研氛围，创造科研环境，设立学院科研项目专项基金，支持科研活动健康有序发展，提高数学教师的科研能力。

总之，随着信息技术的快速发展，科研将是高职院校教师日常工作的一部

分，是高职院校数学教师必备的素质和能力。由于我国长期自身的教育理念以及数学基础学科的局限，高职数学教师科研能力与高等本科院校教师相比偏弱，这些都不利于高职院校数学教师自身的发展，因此，高职院校数学教学必须进行改革和创新，采取有效措施培养和提升数学教师的科研能力，从而不断提高职数学教学质量。

（三）构建教师专业发展的知识和能力体系

集数学专业理论知识、专业实践知识、信息化环境下的信息技术为一体系。数学专业理论知识指的是高职数学教师学科教学的主要内容，这是高职数学教师开展教学工作的基础。专业实践知识是适应高职院校技术人才培养的特殊要求。专业实践知识体系是帮助高职院校学生将学习的理论知识应用于实践过程中，其是实现专业技术以及实用型人才培养的主要环节。信息化环境下的信息技术指的是利用信息化环境下先进的信息技术以及辅助教学设备开展数学教学工作，其是高职数学教师在信息化背景下提升教学效率及水平、适应现代教育环境的重要条件。

信息化背景下，高职数学教师的能力体系不仅要求教师具备教学能力、科研能力，还要求教师具备较强的信息能力。同时针对高职院校培养人才的特殊性质，教师还需要具备一定的实践能力。教学能力是针对高职数学教师开展教学活动的能力，这是一名合格教师所应该具备的基础能力。科研能力指的是高职数学教师在教学过程中开展并实施研究型课题的能力，这是教学创新的主要途径。信息能力主要指的是教师利用信息技术以及信息资源的能力，包括文献检索能力、多媒体教学设备的适应能力、信息资源的整合能力等。实践能力指的是教师锻炼学生理论知识实践化的能力。与普通综合类院校的数学教师相比，对于高职院校数学教师的实践能力的要求相对较高。

（四）完善教师教学能力结构

高职数学教师的职业特征具有三重属性，即数学性（数学教育）、高等性（高等教育）与职教性（职业教育）。当直面高职数学教师的能力结构时，需将三重属性综合起来加以运用。为了适应高职教育改革与发展，需要高职数学教师具备与时俱进的能力结构。

数学教学能力主要包括以下几个方面。①数学教学设计能力。此能力的主要观测点包括：分析掌握课程标准；分析把握教育对象；处理教学材料（如具有用数学思想、方法、概念消化吸收专业领域有关概念和原理的能力，具有将专业案例数学化、将知识的学术形态转化为教育形态的能力）；设计最优化的教学策略（如创设符合学生认知特点的教学情境的能力）；教案或课件的设计、制作与开发；风险评估与教学预案设计；等等。②数学教学实施能力。此能力的主要观测点包括：言语表达能力（如语言表达的逻辑性、感染力等）；非言语表达能力；信息技术的选择与运用能力；课件的设计与传统的板书；课堂组织管理能力（如个性化与多样化教学活动的组织能力等）；教学评价（如教材与教学事件的评价，激励性与启发性课堂评价，对学生实施发展性评价）；具备教学应变能力与教学智慧；等等。③数学教学监控能力。此能力的主要观测点包括：对数学教学活动事先的计划和安排；对实际数学教学活动进行有意识的控制、检查、评价和反馈；对数学教学活动进行调节与校正等。④数学教学反思能力。此能力的主要观测点包括：对教学内容的认识与反思（如对教学内容的适应性与专业针对性的分析与反思等）；对学生及其学习活动的总结与反思（如对学生的个体差异、专业特色的掌握程度，造成学习困难与消极情绪的成因分析，引起学习兴奋的教学情境创设等）；对教师教学活动过程与结果的自省与反思（如对学生观的反思，对教学策略实施的效果及方法、手段的反思，对教学中的遗憾事件与成功事件的挖掘与反思等）。良好的教学需要反思的、理性的和自觉的决策，反思性教学活动有助于使数学教师"所采用的理论"与"所倡导的理论"趋于一致，促使数学教学从经验型向合理型转变。⑤数学课外教学能力。开展形式多样的数学课外教学活动是高职数学教学的重要特征，是拓展学生素质、开阔学生视野、培养创新能力的重要渠道，也是实施个性化培养、适应学分制改革的有效途径。此能力的主要观测点包括：数学建模竞赛活动的指导；针对学生的学术讲座；基于网络的数学课外辅导、自主学习能力培养；选修模块的开发与开设；组织学生参与企业、行业与市场的各种调研；等等。

（五）提升高职数学教师素养

教师所必须具备的知识、技能、态度等，是教师专业化的标志。高职数学教师要提升自身素养可以从以下几个方面做出改变。

1. 学会学习

学会学习是教师发展的关键条件。高职数学教师教学科研任务繁重，所以必须学会学习，这样才能利用有限的时间完成自己的工作，并实现自身的专业发展。高职数学教师应不断更新自己的教育观念，把提高自身素质融入日常生活中，增强自学意识和能力；重视自身的专业发展，加强自身的信息素养和学习能力，从教材、电子资源、网络资源中不断汲取新的知识；不断学习、掌握先进的信息技术、媒体技术、网络技术及其应用方法，切合实际地在高职数学教育中应用这些技术，并进行有效的实践检验。

高职数学教师应增强教育设计方面的能力。教育设计应以促进学习者的学习为根本目的，运用系统方法将学习理论和教学理论等的原理转换成对教学目标、教学内容、教学方法和教学策略、教学评价等环节的具体设计，创设有效的教与学系统的"过程"或"程序"。高职数学教师如果掌握了教育设计的方法和要领，在高职数学教育发展中合理运用各种信息资源，探索新的教学方法和模式，促进学习者学习，那么对高职数学教学的发展将是一次质的飞跃。

2. 拓宽知识面

信息技术的发展使知识的更新周期日益缩短，使学生获取知识的途径日益多元化。教师在知识的教练场上的唯一选择就是将自己的大脑变成一条生生不息的河流：筛选旧知、活化新知、积淀学识、升华自身，这样才能使自己始终站在学术前沿。从教师专业化的角度来看，教师专业化的特点之一就体现在对不同知识和理论的选择、组织、传递和评价上，并在这个过程中进行知识创新和增值。所以高职数学教师不仅要掌握数学学科的理论和知识，还要广泛学习和了解其他相关学科与领域的知识，以及把握各学科间的联系，博识方能更好地传道、授业、解惑，最终实现从经验型教师向专家型教师转化。

3. 掌握现代信息技术手段

一是教学课件的制作。对于黑板上难以表现的内容，要突破单一 PPT 的画面切换形式，开发 Flash 等演示动画教学形式，提高学生的学习兴趣。高职数学教师应熟练运用几何画板、函数制图软件制作课件，加深学生对知识点的理解。二是通过精品课程的建设建立完善的网络学习平台，集成课程的全部教学内容，同时包括学习指导、专业常识、疑难解答、知识拓展等。

（六）建设"双师型"教师队伍

高职教师综合素质的培养是我国近年来职业教育领域最为关注的热点。1995 年，《国家教委关于开展建设示范性职业大学工作的通知》中首次提出"双师型"教师的概念，并指出职业大学应有一支专兼结合、结构合理、素质较高的师资队伍。专业课教师和实习指导教师应具有一定的专业实践能力。2010 年《国家中长期教育改革和发展规划纲要（2010—2020 年）》提出，以"双师型"教师为重点，加强职业院校教师队伍建设，提升职业教育基础能力。

信息技术的发展赋予"双师型"教师新的内涵和要求。2016年11月，教育部、财政部发布《关于实施职业院校教师素质提高计划（2017—2020年）的意见》，指出"贯彻落实《国务院关于加快发展现代职业教育的决定》精神，进一步加强职业院校'双师型'教师队伍建设，推动职业教育发展实现新跨越""应用'互联网＋'技术创新教师培养培训方式，形成一批教师培养培训示范单位和品牌专业，提升项目实施的针对性和实效性"。当前，我国高职教育已成为推进高等教育大众化的主力军，然而部分高职院校是由中职学校升级转型或是高等专科与中专学校联合办校形成的，存在着"双师型"教师能力参差不齐、结构比例不合理、评估体系不完善等问题，现有师资质量已不能满足人才培养的需求，阻碍了高职教育的现代化发展进程。因此，提高高职教师综合素质已成为高职教育发展的当务之急。

1. 高职数学"双师型"师资队伍建设现状

（1）总量匮乏

从目前情况来看，持有"双证"的专任教师数量不足，多数教师只具有教师资格证书，而缺少具有本专业实际工作的职业资格证书。所以，有些教师没有企业、行业实践工作的阅历，专业实践能力不强，社会实践能力不高。

（2）硕博学历比偏低

高职院校"双师型"专任教师的硕博比偏低，多数学校达不到教育部规定的要求。一些高学历人才毕业后不愿跨入职业院校的门槛，而是愿意走向重点院校或科研机构。教育部在职业院校教学水平评估等级中规定，专任教师硕博比的 A 级标准是达到或超过 50%，C 级标准是达到 30%～40%。虽然有些学校达到了 C 级标准，但距离 A 级标准还有一定的差距。

2. 高职数学"双师型"师资队伍建设的对策

（1）落实"人才强校"的管理体制

1）大力实施"人才强校"的发展战略

实施"人才强校"战略是高职院校发展的根本，人才资源是第一资源。对高职院校而言，只有大力实施"人才强校"的发展战略，秉承质量立校、特色兴校、"人才强校"、科研促校的发展原则，重点抓好"双师型"师资队伍建设，牢牢把握"双师型"人才的培养与引进机制，建设一支高素质、高水平、高技能的"双师型"师资队伍，才能为高职院校实现发展目标提供坚强的人才支撑。

2）加大"双师型"人才的培养力度

人才问题已经成为高职院校改革与发展的核心问题，也是办好高职教育的关键所在。人才问题至关重要，因为人才是兴国之本、富民之基、发展之源。在培养"双师型"人才方面，既要重视本校现有人才队伍建设，为教师提供各种学习、进修、培训的机会，使他们能够熟练运用和掌握现代科学技术必需的基本技能；又要重视新上学科或新上专业的人才引进和培养，同时也要重视全校师资队伍的整体结构与优化。高职院校应根据不同类型、不同年龄、不同专业等进行培养与培训，使人才培养逐步形成规范的培养体系。高职院校应鼓励一些青年教师到我国的高等学府继续深造，有条件的院校应每年选派 3～5 人到国外进修，学习新知识，了解学科发展动态，还可选派教师到国家重点实验室、科研单位、企事业单位等参观学习，不断提高他们的综合能力和业务水平。

3）为"双师型"人才创造良好的学习环境

高职院校应积极营造宽松、求实的学术氛围，为人才成长创造良好的学习环境，鼓励教师进行科技创新、技术开发，使每一位教师都安心工作、踏实工作，感受到学校的温暖、领导的重视，真正体现用事业吸引人才、用感情凝聚人才，使优秀人才脱颖而出。只有努力营造尊重知识、尊重人才、尊重劳动、尊重创造的环境，才能提升教师从事教学和科学研究的能力与水平。

4）推进灵活多样的弹性用人机制

高职院校应根据学科、专业发展需要，结合高职院校目前具体情况，借鉴国内外先进办学经验，建立新型的"双师型"人才使用弹性机制；充分利用现有的可用资源，向社会直接引入竞争机制，聘请业务素质高、理论知识丰富、实践经验丰富的技能型人才到高职院校任教，为他们的成长搭建理想的平台，也使他们的才能得以体现或发挥。

（2）公办、民办学校对口按需精准帮扶

地方民办学校中有相当一部分是薄弱低收费民办学校，其设施条件、教学质量、师资力量、学生水平等与公办学校相比还有一定的差距。市教育局可以统一组织调研需要帮扶的民办学校的校情、教情、学情，选取地理位置相对较近、学校之间差距不大的公办学校与其结成一对一帮扶伙伴；以某一薄弱学科为试点开展帮扶活动，有目的性地解决问题，保持充分的交流互动、相近的教学步调，更精准地达到帮扶效果。

（3）实施教师团队协同的双师教学

地方公办、民办学校双方建立教师团队，公办学校的教师团队中不乏名师、教学能手、教学骨干等，民办学校的教师大多是教学经验不足但很有热情的年轻教师。教师团队能更好地整合各位教师同课异构的教学经验，让薄弱民办学校的年轻教师最大化地吸收到不同的教学理念和方法。

（4）贯穿课前、课中、课后整体环节

除了课堂上远程同步直播、观看讲解微课获得公办学校优质教学资源外，"双师教学"还要贯穿课前、课中、课后整体环节：课前双方教师协同备课、互动教研，公办学校教师团队帮助薄弱民办学校教师根据学生学习能力做好教学设计，并试讲完善；课中根据学校设施条件、学生情况灵活选择远程同步直播、观看讲解微课的方式，或者是按公办学校名师课前设定的教学思路配合讲解；课后双方教师团队进行"评课""磨课"、总结提升，对民办学校教师的教学过程、教学语言、教学姿态进行全方位指导与提升。

（5）线上与线下相结合

虽然结对帮扶的公办、民办学校地理距离相对较近，可以进行线下研磨、听课、指导，但是为了提高效率并使过程性成果得以保存和呈现，在"双师教学"各环节实施过程中充分利用了信息技术进行支持：教师"一人一号"即可获得市统一建设的平台支持，课前通过平台进行协同备课、互动教研，课中有条件的学校可以用录播系统同步直播并同时录制课堂实录，条件受限的利用一体机、投影仪播放微课教学视频，课后有条件的学校可通过平台观看课堂实录进行远程评课研磨。

（6）提升"双师型"人才培养的整体质量

无论任何高职院校，有了高水平、高素质的教师，就一定能培养出高水平、高素质的学生，二者是相辅相成的。在人才培养模式上，高职院校应按照"以实为本，以能为主，以用为先"的原则，坚持以能力培养为核心，以社会需求为原则，不断开展"重基础、重素质、重能力、重创新"的"双师型"人才培养研究。高职院校要认真做好"双师型"师资队伍的发展规划，立足学科建设、专业建设的发展实际与学生规模，摸清现有"双师型"师资队伍的建设的现状，有针对性地提出"双师型"师资队伍建设的发展规划，确保发展规划的可行性。"双师型"教师要不断加强自身的业务知识学习，不断提升自身的专业素养，在理论教学和实践教学中做到精益求精、脚踏实地、勤于思考、与时俱进、注重实效，这样才能发挥自身的专业水平，才能胜任本岗位工作，才能不被激烈竞争的社会淘汰。

总之，高职院校"双师型"教师是学校连接地方区域经济建设与发展的重要纽带，肩负着人才培养、学校发展和科技进步等重要使命，是为地方经济建设培养高技能型人才的实施者。要大力发展高等职业教育，就必须建设一支适应新时期、新形势的高等职业教育发展"双师型"师资队伍，特别是数学，它与科技创新、生产建设等各行业息息相关。任何行业发展都离不开数学知识，数学知识对我国的科技进步、国防建设、地方经济发展都有重要的意义。加强高职院校"双师型"师资队伍建设，有利于完善人才遴选机制、竞争机制、评价机制和激励机制，是人才强校的根本，是落实高职院校办学特色的重要举措。因此，要加大高职院校数学专业"双师型"师资队伍建设，促使我国高职教育越办越好，越办越兴旺。

第五节　互联网时代数学人才培养的新变化

党的十九大报告提出，要加快创新型国家建设。高职院校作为应用型人才培养的第一阵地，必须发挥好创新引领作用，立足课程教学，推动现代化经济体系建设，不断完善育人模式，使数学的核心基础价值有效发挥。高校数学教学必须从自身教育教学创新入手，推进人才综合能力的培养，不仅要立足学生当前的学习发展，还要培养学生的创新精神、独立工作的能力以及对数学的创新性应用意识，以更好地落实立德树人的理念，推动学生高效成长，全面发展。高职院校要能够适应当前社会发展的趋势，以创新意识培养和问题解决能力发展为核心，运用互联网思维，完善高职数学课程建设，让学生更好地把握数学鲜活的文化内涵，具备科学的工作模式，同时深度激发学生的创新实践潜能，为学生未来学习与成长有效助力。

一、基于文化育人导向的人才培养模式

第一，在思想政治层面有效落实立德树人的教育理念。数学文化的内涵，不仅包括数学的思想和方法，还包括数学史、数学美，以及数学与其他学科交互融合的理念和方法。因此，在高职数学教学中，要能够有效彰显数学在学生思想价值引领方面的育人作用，将信息技术与数学教学有机融合，立足基础数学教学，让学生成为知识型、技能型、创新型人才，通过生动、鲜活、多元的数学文化教育，提升学生数学素养及独立思考探究的能力。同时，立足数学教学对学生展开思维训练，使高职数学教学的质量可以稳步提升。譬如，从数学史的角度出发，教师要正确认识到数学在思想价值方面的育人作用，借助视频、图片、网络素材等，引入数学史文化，培养学生的民族担当意识，让学生明白数学对于精神文明层面的重要价值以及数学在推动创新技术生产变革方面的重要意义。让学生可以在数学学习过程中树立较强的家国意识，为更好地实现中华民族伟大复兴而不懈努力。同时，教师要注意培养学生的创新精神、创业意识，

让学生具备脚踏实地的学习态度和积极进取的学习习惯，使学生成长为高素质全新人才。

第二，外显数学文化，提升文化自信。在高职数学教学中，教师要能够从多个角度挖掘数学文化，并结合新时期数字化教学模式，让学生可以从心灵层面积极接受中国优秀传统文化熏陶，树立起较强的文化传承与创新意识。如教师可以通过数字化的手段为学生展现中国古代数学的辉煌成就，进一步增强学生对数学的文化自信。教师可以把一些中国古代数学家及其数学思想归为中国传统文化的重要组成部分，通过视频的方式向学生进行讲解，并在其中融入意志品质、民族精神、中国梦等内容。课堂学习、校园文化活动、社团活动等方式能够更好地提升学生对中国古代数学的认知，同时让学生明白当前数学发展的一些新方向，进而激发学生的传承意识，让学生可以自觉努力，积极创新，承担数学文化传承的重任。另外，高职数学还涉及辩证法、量变与质变、对立与统一、相互关联等哲学思想。在高职数学教学中，教师要同步向学生进行思想方法的渗透和教育，使学生深切感受到数学严谨的逻辑之美和细腻的变化之美，从而更好地拓展学生的科学视野，优化学生创新性思维的培养。

第三，挖掘工匠精神和墨子文化中的数学元素。党的十九大报告指出："建设知识型、技能型、创新型劳动者大军，弘扬劳模精神和工匠精神，营造劳动光荣的社会风尚和精益求精的敬业风气。"工匠精神具有精雕细琢、精益求精、崇尚极致、严谨细致、耐心专注、敬业负责等丰富的文化价值内涵。工匠精神作为中华优秀传统文化的重要组成部分，近年来经过全社会的大力宣传和弘扬，如今已经深入人心。目前一些高职院校通过文化育人的方式，致力于培育工匠精神，如顺德职业技术学院创新性地把墨子思想作为学校培育工匠精神的文化基础，努力培养智慧型、国际化现代工匠人才。数学文化作为人文教育的重要组成部分，实质上也是中华优秀文化精神的传递，充分体现了"以文化人"的过程，这一点与工匠精神培育的文化属性高度一致。数学文化、工匠精神与墨子文化的培育，都是社会主义核心价值观教育的创新模式，也是新时代增强高职院校学生文化自信的内在要求。今后，高职院校应该积极挖掘工匠精神和墨子文化蕴含的数学元素，探索文化育人的新路径，进而培养适应新时代要求的创新型人才。

二、基于关键技能的人才培养模式

工业 4.0 时代的到来与《中国制造 2025》的发布，给高等职业教育提供了良好的发展空间和机遇，同时对高等职业院校的人才培养提出了新的要求。

仅仅是专业技能熟练的纯技能型人才已经不符合时代发展的需求，培养具备相应的专业技能和必备的关键技能的复合型人才是高等职业院校的新追求。高职数学课程是培养学生可迁移的关键技能的重要载体，高职数学课程与关键技能中的哪些基本技能有着关联性，通过怎样的途径可以培养学生的关键技能，高职数学课程应采取怎样的方法培养学生的关键技能是当前一线教师的主要研究内容。

（一）优化课程内容，提供培养关键技能的载体

如果说高职数学课程的目标是培养学生关键技能的总纲领，那么课程内容就是培养关键技能的载体，是培养学生关键技能的核心部分。在对教师进行调查时，教师也一致表示教学内容是教学的核心，培养学生关键技能的重点应该从教学内容设计、教学方法和手段、课程评价方式等方面来进行。选择合适的课程内容是培养学生关键技能的必要条件。目前，高职数学课程内容基本分为函数与极限、导数与微分、积分、无穷级数、概率论与数理统计、线性代数、微分方程等。当然，根据各高职院校课时量的不同以及所授课程班级专业不同有一定的取舍，有部分高职院校在数学课程中增加了数学实验与数学建模的内容。课程内容基本上是在本科院校高职数学的基础上删减了教学章节并降低了教学深度，像是本科院校高职数学的缩减版，然而，高职学生普遍存在数学基础薄弱、对初等数学知识掌握不牢甚至完全不理解的现象。特别是五大类基本初等函数的基础内容（如定义域、图像、性质等），这些内容既是极限与微积分学习的前提也是数学基础，是培养学生思维技能、运算技能、问题解决技能等关键技能必不可少的知识。

因此，高职数学课程要实现培养学生关键技能的目标，在课程内容上应该如何设置、对数学知识点如何取舍，可以大胆创新，不要将高职数学课程内容固化在本科高职数学缩减版的层面，而是应该打破高职数学与初等数学的界限，以培养学生关键技能为总目标，结合学生实际的数学基础，精心选取课程内容并重新组合，形成一门有特色的培养高职学生关键技能专属的高职数学课程。

（二）优化信息环境，提供培养信息收集与处理技能的载体

信息时代的高职学生，除了能够从课堂上习得知识与技能外，自主学习也是高职学生的重要技能。自主学习简单来说便是自己学习。学生自主学习的过程中需要适当的学习资源和信息，网络化空间的确可以带给学生海量信息，但

是这些信息五花八门，侧重点不同、难易度不同，并不全都适合学生学习使用，这就需要教师为学生提供和推荐，因此高等职业院校的数学教师应重视教学资源建设，利用现代信息化教学手段，不断完善自己的信息化教育教学和应用水平，努力为学生提供符合学生实际情况的教学资源，这些教学资源包括微课视频、练习题库、在线测试题库、学习指南、慕课资源等。当然，要做到这一切确实需要花费大量的时间和精力，而且教师大多教学任务繁重，加之技术不熟练，肯定有一定的畏难情绪。鉴于此，若能得到高等职业院校领导层面的支持，以团队立项的形式完成此项工作，那么相信没有克服不了的困难。同时也可以促进兄弟院校之间的相互合作或资源共享，减轻教师的工作负担。

随着社会经济的发展，社会对高职学生技能和知识的要求已经从单纯的专业技能向关键技能和专业技能相结合的方向转变。数学软件是信息时代的产物，它是帮助人们解决实际问题的工具。开设数学软件与数学实验课是现代数学教学改革的一个趋势，利用计算机进行数学实验可以使学生领会数学与现代技术的完美结合，在获得数学知识与数学素质的同时培养学生的信息收集与处理技能。

在职业教育的过程中，不管是从学习时间还是从学生的接受能力来说，都不可能要求学生学会所有的数学知识、学会运用所有的数学软件，这是不现实的。为了发挥学生各自的长处、尊重学生的个性，给学生专业发展提供条件，高职数学课程的教学可以考虑在加强基础教育的同时实施分层教育。在保证高职数学基础的同时增加选修课，让学生根据自己的兴趣和个性选择符合他们专业发展的课程进行选修。这样的分层既符合以学生为本的教育理念，也符合高等职业教育关键技能和专业技能共同发展的规律。

（三）提高教师培养关键技能的教学能力

教师要培养学生的关键技能，必须具备相应的教学能力。如教师应对学生将来可能所在行业或职业对员工的基本能力要求和职业素养有一定的了解。教师应利用符合学生生活、学习实际的情境创新课堂教学，这样才可以找到适合课堂的实例。因此，对数学教师进行学生将来可能进入的行业或职业的基本职业素质和基本能力、工作环境等方面的培训很有必要。同时，教师面对个性鲜明的学生，让课程教学更具吸引力是必要的。这要求教师必须具备革新创新的能力，因此对教师革新创新能力进行培训也是很有必要的。在当今网络信息时代，教师的信息收集与处理能力和教学能力同等重要，掌握一定的信息技术是教师必备的素质，就像如今流行的微课、慕课等都需要利用一些计算机软件才能完成设计和制作。目前，大部分数学教师缺乏计算机技术培训，对计算机技术掌握程度不高，一般只懂得基本的办公软件操作。还有甚者连基本的 Word、Excel 等办公软件都不熟悉，对于新兴的数学软件、视频录制软件、声音处理软件、动画制作软件、绘图软件等和教学过程中常用到的软件更是无从下手。然而这些操作软件并非专业性特别强，有许多软件只需熟悉操作流程就可以轻松操作。因此，就这些常用应用软件对高职数学教师进行培训完全可行而且很有必要。

三、基于创新教育的人才培养模式

（一）创新教学内容，在继承中创新

课程内容的创新不是凭空臆想出来的，而是在继承原有经典内容的基础上与专业课进行碰撞产生的互鉴融合创新，应在借鉴其他国内外高职院校的数学课程内容和成果的基础上，结合自身的特点创新发展。教材内容可分为基础模块和职业模块两部分，职业模块又包括通用模块和拓展模块。基础模块是各专业学生必修的基础内容和应达到的基本要求，各个专业都适用。如函数与极限、一元函数微分学、一元函数积分学，教学时数应得到保证，需有统一的规定。职业模块则是与学生专业相关的限定选修内容，各学校可根据实际情况进行选择和安排教学。如电子商务、计算机应用工程等专业的学生，在基础模块内容学习结束后，会根据专业需求进一步选取线性代数、常微分方程、积分变换等内容学习。教学时数实行弹性制，争取与日后的专业课程做到无缝对接。拓展模块是满足学生个性发展和继续学习需求的任意选修内容部分，教学时数不做统一规定，如数据挖掘、数学建模等。在整个教学过程中可引入 MATLAB、Lingo、SPSS、SAS 等软件，在软件选取方面根据各专业的需求不同也会有所侧重。所选软件除了要服务数学自身的教学需求外，还需考虑这些软件对学生后续课程的服务价值，从以教师为中心教的"教材"向以学生为中心学的"学材"进行转化，既要符合学生认知规律和接受习惯，也要突出学生的个体性和特色性。

（二）建设基于移动学习的优质信息化学习资源平台

虽然各职业院校已经开发了大量信息化专业教学资源，但使用效果却不能完全让人满意，未能充分考虑学习者的需求是其中重要的原因之一。想要积极

完成教学资源向学习资源的改造，首先就要对备选资源进行筛选。根据各专业对数学的需求，备选资源既要够用，也要有挑战性，满足不同层次师生的需求。素材可以来自平时上课的 PPT、习题册、文献资料，教师的课堂视频、慕课、微课堂、学术讲座等也要有呈现，由学生录制有代表性的错题视频，讲解解决方法，为后面学习的学生提出合理的建议。其次完善共建共享平台，特别是资源库的网络化、信息化，使教师、学生随时随地都可以便捷地使用资源库；构建个人定制信息的主动推送机制，使原来文本的、整体化、封锁性的课程内容形象化、碎片化、颗粒化、开放化，依据教学进度和个人需要向移动学习终端定时推送，改变学生学习习惯和行为模式。同时个人可以自己控制学习的时长、时机、场合，从而提高学习效率。再次做好资源库验收工作。每学期师生对资源库要做一个评价，师生总体满意度达到 85% 作为资源库的验收标准，以此为基础来确定下一学期资源库的完善和改进方向。最后对已有的资源进行升级改进，及时补充新内容。做到与专业课内容的更新同频合拍，突出新时期高职数学的与时俱进。可视性、交互性和全局性要体现在升级改进中，将二维码放置在纸质素材中或操作设备旁，进行移动终端扫描就可观看拓展资料如图表、动画或视频等。整合平台内的资源，并将其置入全局搜索中，在搜索框中输入关键词，可展示资源库内包含关键词的所有段落，学习者可以随时调用最新的"知识资产"，方便快捷。总之，在教学过程中要按教案严格执行，充分利用各种教学资源，使其做好教学理论与教学实践的桥梁。

（三）组织数学建模竞赛，提升创新能力

为助力建设教育强国，2017 年以来教育部提出新工科建设，探索工科教育的中国模式。党的十九大报告也指出，优先发展教育事业，加快学科建设，实现高职教育内涵式发展。

作为高校教学质量和数学课程改革的重要支撑项目，数学建模竞赛具有传统教学方式不具备的特殊作用。高职院校基于建模竞赛的创新人才培养模式以培养卓越新工科人才为宗旨，以数学建模竞赛项目为载体，以赛促教，"四位一体"多元互动，有效促进学生的创新实践能力全面提高。同时，以《关于全面提高高等教育质量的若干意见》为指导，从学校层面制订方案，将数学建模竞赛等创新实践类竞赛项目加入人才培养方案，并构建完善的课程创新实践培养体系，以健全的管理机制、优秀的指导教师团队、优质的理实一体化软硬件支撑，推动竞赛项目持续稳步开展。

1. 创新实践，提升学生创新能力

数学建模作为现实与理论的桥梁，与实际问题紧密联系，无论是竞赛形式还是竞赛内容，都非常符合创新实践能力培养理念。但数学建模所涉及的学科核心知识可能会超出高职数学课程的教材理论范围，因此，依托数学建模项目有效培养学生的创新能力，就需要教师投入大量的时间和精力去筛选、设计与高职人才创新能力培养相匹配的实践模块。

2. 以赛促学，营造良好学习氛围

孔子说："知之者不如好之者，好之者不如乐之者。"学生既是建模竞赛项目的参与者，同时也是受益者。高职院校通过组织数学建模竞赛以及赛后拓展，扩大竞赛影响范围与受益面，激发学生的创新兴趣，调动学生参与创新实践的积极性，营造积极宽松的竞赛创新氛围，从而促进学生创新实践能力的培养，实现学生创新能力培养的可持续发展。

一方面，由于数学建模竞赛论文作品具有非常好的代表性，可依托学生社团如"数学建模协会"组织开展建模专题讲座活动，邀请优秀参赛学生分享竞赛经验、成果，以此动员更多学生参与数学建模竞赛，营造良好创新实践氛围，进而促进学风与教风建设。另一方面，鼓励学生发挥团队合作优势，积极开展各类后续竞赛活动，结合赛前培训、赛中创新、赛后拓展，进一步增强团队协作意识与创新能力，扩大竞赛成果效应。数学建模竞赛是团队化的竞赛项目，优秀的参赛团队一般由理论基础扎实、创新思维活跃的学生构成，成员间能够形成优势互补。因此，高职院校应鼓励学生跨专业组队，组建一批综合素质高、组织能力强的竞赛团队参加各类高职创新创业实践竞赛项目。高职院校可以组织学生参加的数学建模竞赛项目赛后拓展活动主要有数据挖掘大赛、挑战杯、"互联网+"创新创业大赛等，努力为学生营造良好的创新实践氛围，吸引更多学生自主参与到创新实践活动中，进而推动良好学风建设，促进创新人才的培养。

（四）开发创新创业课程群

重构课程体系，完善创业实践教学环节，开发创新创业课程群，可设置以下几个模块。

1. 专业创新课程模块

在课程体系中融入创新课程，在教学内容和教学方式上都体现出创新性要求，不仅能使学生学到专业知识，并能加深对创新思维的理解，激发创新的激情。

2. 创新创业选修课程模块

高职院校应积极开发创新创业选修课程，提升学生职业素养，培养创新思维、创业意识与创新能力。

3. 创业培训课程模块

高职院校应开展创业培训，让学生获得创业指导，取得创业证书。

4. 创业实践模块

高职院校可建立相关技能培训基地，引入更多的企业进行合作。通过大学生创业园等为学生打造真正的创业实践平台，使学生的综合能力得到锻炼，企业认知、职业素养、团队协作、沟通能力、创业素质等都得到提升。

（五）紧跟互联网趋势设置专业课程

过去许多职业院校为了引揽生源，盲目开设新专业。对于我国高职院校来说，其发展模式早已从规模化发展转变为内涵式发展。尤其在当前的时代背景下，紧跟互联网发展趋势，科学理性地开设专业，才是一个职业院校应有的办学思路。

高职院校的学生进入大中型企业的概率较小，移动互联网给许多年轻人提供了创业的机会，也产生了众多新兴职业，这些职业往往较适合有一技之长的高职院校毕业生。高职院校需要不断适应市场变化所带来的专业变迁，因为学生的市场竞争力在很大程度上取决于院校的专业设置与定位。因此，高职院校可围绕"互联网+"的特点和发展趋势，围绕产业技术人才需求，开设高职数学课程与专业课程相融合的专业。

第三章　互联网时代高职数学教学的创新发展

"互联网+"融入高职数学教学模式改革与创新，是时代发展的必然趋势，也是教育信息化时代的发展方向。在"互联网+"的背景下，高职数学教学面临着新的机遇与挑战，如何更有效地应用"互联网+"融入教育改革过程中是现阶段研究的重要话题。本章主要探索在"互联网+"时代高职数学教学的改革创新策略，从而为高职数学教学改革提供指导方向。

第一节　大数据支持下的高职数学课堂精准教学

数学技术或数学的思想方法均隐含在职业技术之中，数学技术已经参与或融合于职业技术中，高职数学是为学习专业课程提供工具或直接形成职业技术的学科，强调培养应用型人才的基础能力。信息化时代的到来正在影响和改变着人类社会的各个方面，也改变着知识的内涵和人们获取知识的方法及手段。数据的传播和深度挖掘深刻影响了教育事业的发展，计算机信息技术的高速发展以及大数据时代的到来，都使教育面临一场新的革命，谁能更好地把握大数据，谁就将在未来的竞争中获得更多主动权。

一、大数据时代对高职数学教学的新要求

（一）教育在线化

学习是一种自组织行为，因而教师和教学机构的作用便需重新定位。互联网的不断普及使网络资源进一步开放，在线教育也并不是只把传统的课堂搬到网络上，否则这样的做法更加违背学习规律。大数据时代，开放的社会和资源将进一步解放人们的学习，越来越多的人不用待在学校里被动地接受学习，他们会把自组织学习发挥得淋漓尽致。

信息化革新教育模式，使得教育数据更易获得和整合。处于信息化时代，人们获取知识的途径不再只是课堂，线上学习越来越成为学习知识的主要途径，

课堂将会成为交流学习成果、答疑解惑的场所。如此一来，学习行为的数据将自动留存，更易于后期的学习行为评价和评估，教师不再基于自己的教学经验来分析学生的学习偏好、难点以及共同点等，只要通过分析整合学习的行为记录，就能轻而易举地获得学习规律，这对教师制定下一步的工作重点有指导意义。

（二）教学软件化

大数据是教育未来的根基，数据量大、类型繁多、价值密度低、速度快、时效高是其主要特征。海量的原始数据只有经过分类、加工、整理、分析才能满足不同的要求，而要处理海量的数据，就需要大数据技术的支持。只有利用数学软件提高教学效率，才能把学生从抽象的概念和繁杂的计算中解放出来。

（三）模式多元化

教育者可以利用数据挖掘的关联分析和演变分析功能，在学生管理数据库中挖掘出有价值的数据，分析学生的日常行为，得知各种行为活动之间的内在联系，并做出相应的对策。对于教育者来说，如今是一个大转变的时代，教学的各种力量在重新洗牌，教学中的各种变化在逐步推进，单一的教学模式已经走向多元化，多元化的教学模式会和单一教学模式长期并存。

或许我们说教育革命言过其实，但各种变化是在更迭着逐步推进的，多元化教学模式必将会长期存在。科学技术的发展，特别是互联网技术的发展，拓展了学生的学习渠道，给教师增添了新的"竞争对手"，学生可以通过网络环境获取到很多可能教师都不知晓的知识，这可能会影响到教师在教学中的中心地位，但挑战和机遇是并存的，与其排斥技术手段，不如借助网络渠道提升自身的知识层次，改善教学方法，采用多种多媒体教学方法吸引学生的兴趣，同时变传统的教师讲学生听模式为教师和学生在交流探讨中学习知识的模式，变"填鸭式"教学为诱导式、启发式教学。

（四）教育个性化

在当今的信息时代，未来教育在互联网等技术的作用下将变得越来越个性化，大数据技术的应用将有利于个性化教育，标准化的学习内容由学生自组织学习，学校和教师更多关注的是学生的个性化培养，教师由教学者逐渐转变为助学者。线上学习能做到个性化教学，根据个人的学习数据制订相应的学习计划。大数据时代，互联网教育与学校教育将逐渐分离，更多的交往互动、个性化服务和灵活的学制将使学校获得新的生机。

二、大数据时代高职数学教学改革方法

（一）引入计算机数学实验

传统数学课往往只重视抽象的理论学习和应用，忽视了用实验等方式来让学生更直观地去领会抽象理论知识。数学实验课可以帮助学生提高数学建模能力和数据处理能力，培养其对科学计算方法的运用能力，使得学生在反复的数学应用训练中领悟数学知识和高新技术的完美契合，积累现代科学所必需的数学知识和数学素养。高职教师可以充分利用现代教育技术在计算机或其他多媒体教具上生动演示抽象的数学计算和几何图形的解析，通过数学计算、符号处理的数学实验，把数学应用切入理论教学中，促进学生对数学规律的理解、认识，使讲授—记忆—作业的传统学习过程变为学生自主探索—思考—解决问题—应用的过程。其意义在于不仅能够让学生掌握必要的数学知识和逻辑思维能力，而且能够让学生真正参与到数学解析与运算中，提升学生对数学的兴趣，便于他们能将学到的数学知识融入实际应用中来。高职院校应引进现代教学手段，积极探索信息技术与高职数学课程的有机结合，利用多媒体组织开放式教学，充分利用网络资源，促进教学手段的不断改革和创新，加强学生自主学习能力的培养，激发学生的学习兴趣，提高教学效率，把学生从抽象的概念和繁杂的计算中解放出来。高职院校要注重实践性教学，可以举办数学讲座、开设数学实验课和建模选修课，注重课堂外教学的监督和跟踪，这一思路符合学生实际情况，对调动学生的学习主动性和积极性都能起到很好的作用。高职院校应深入研究如何逐步实现把数学建模的思想和方法融入高职数学的主干课程。

（二）打造高职数学教学数字化网络平台

信息化时代的到来正在影响和改变着人类社会的各个方面，也改变着知识的内涵和人们获取知识的方法及手段。因此，建设优质教学资源共享体系，研制高职数学数字化课程是一项具有前瞻性的重要工作。对于建设精品视频公开课、微课、慕课、精品资源共享课（包括精品课程的转型升级）工作，高职院校应当组织一支高水平的开发和研制队伍，在短时间内，建成具有世界先进水平的高职数学数字化资源共享课程，以更利于学生的自组织学习。高职院校应深入探讨如何将教学方法的改革与按层次分流培养结合起来，推行多元化和分层次的教学模式，建立适合不同专业大类的教学组织和管理形式。

（三）加强高职学生的数字处理能力

因为在大数据时代，数据资源的意义十分重大，对学生数据分析能力的培养有利于促进学生的全面健康发展。所以，在高职数学教学过程中，教师需要教授一些关于数据分析处理的技能，使学生对其有初步的了解，提高学生数据分析处理的能力。例如，在学习微积分相关知识的时候，教师可以使用散点图，以便学生能够更加清晰地观察数据趋势，以利于学生更好地观察数据变化的一系列特点，并总结出其中的基本知识点。这样一来，学生不仅可以全面掌握相关的知识点，还能够提高对数据的分析运用能力。

（四）建设学习实验室，提升学习成果

为了使高职数学教学走向新局面，高职院校需要加大学科实验室的建设力度。通过配合国家的教育政策，努力适应时代人才的培养要求，高职院校应积极为学生成才探索出一条新的发展路径。首先，高职院校应加大数学学科的学习宣传，通过提升学生的数学意识，不断培养他们实践数学的能力，从而为学生进入实验室学习打下坚实的思想基础。其次，数学教师应重视数学建模工作，通过引导学生动手实验，不断提高学生对数学知识的运用力度，从而使学生在日常实践中，找寻正确学习和理解数学的方法，促进学生数学综合素质的快速提升。最后，教师应将培养学生兴趣、思维、能力等放在教学中的重要位置，通过给学生布置科学、合理的探究类作业，不断促动学生的发散、转化思维，促进学生完成学习任务，获取更好的学习效果。

三、大数据背景下的高职数学教学新特征

近些年，大数据手段正在迅速融入当前现有的数学学科课堂，而与之相应的课堂流程以及课堂模式都呈现了全方位的转型趋势。与传统课堂流程相比，建立于大数据之上的新型课堂流程体现为独特的数学教育优势。这主要是由于，针对数学课堂如果能运用大数据手段，将会有助于简化当前现有的数学课堂流程，针对其中复杂性较强的学科知识也能予以直观化。与此同时，大数据手段在客观上有助于活化数学课堂的整体氛围，对于师生在数学课堂上的距离能够予以全面拉近。具体而言，高职数学教育在大数据时代体现为如下特征。

首先，直观性以及形象性。从现状来看，高职院校现有的数学课堂更多适用了大数据作为全新的课堂手段。相比来看，数学课堂适用大数据的措施更加能够突显整个课堂流程具备的形象性以及直观性，针对整个课堂流程也能予以适度的简化。这是由于较多高职学生在面对数学学科时，通常都会表

现为畏难或者厌倦的心理。探究其中根源在于，数学学科本身包含难度较大的学科知识。因此如果能凭借大数据手段对此予以适度简化，那么学生将会拥有相对更强的学习信心，同时也能体会到数学与自身日常生活具备的内在联系。

其次，师生互动性。数学课堂不能缺少师生互动，这是由于师生互动有助于拉近师生在数学课堂上的距离，同时也创建了更为和谐的数学课堂氛围。教师通过运用大数据措施，应当能够从源头入手来强化彼此互动，借助多样化的手段来实现师生互动。这是因为，建立于信息化之上的新型数学课堂应当具备更高层次的互动性，教师对于学生应有的课堂主体地位也要予以更多关注，进而全面激发学生在数学课堂上的自主探究热情。

最后，课堂趣味性。在传统模式的数学课堂上，教师通常都要为高职学生讲授相关公式以及数学定理，然后让学生据此解答特定类型的数学题。但从根本上来讲，传统模式很可能压抑了学生潜在的创新热情，不利于优化当前现有的数学课堂氛围。因此为了转变现状，教师需要利用大数据手段作为数学课堂的辅助，确保从根源入手来增强整个课堂流程具备的趣味性。由此可见，高职学生只有在感受到数学学习具备的趣味性之后，才能发自内心地喜爱数学，并且深入探究该学科涉及的核心知识点。

四、大数据背景下的高职数学精准教学

"精准"被广泛应用于人类的各项活动，当前大家较为熟悉的有商业领域的"精准营销"、政府工作中的"精准扶贫"、医学界的"精准医疗"等。"精准教学"是奥格登·林斯利于 20 世纪 60 年代基于斯金纳的行为学习理论提出的教学方法，可兼容各种教学策略，可对任一学段、任一学科的教学进行评估。随着"精准教学"的提出，根据职业人才培养目标，本着"以应用为目的，以够用为适度"的原则，提出高职数学课程"精准教学"。高职数学课程"精准教学"是以新课改要求为依据，以学生自身发展、各专业发展规律及学院院情为出发点，以信息技术为手段进行的课程改革，以确定课程精确学情、精确培养目标、精确教学内容等的教学模式。

（一）体现"以学生为主体"的新课改理念

新课程课堂教学要真正体现以学生为主体、以学生发展为本，就必须对传统的课堂教学评价进行改革，体现"以学论教"的评价思想，即以学生的"学"来评价教师的"教"。因此，在进行数学课程教学前，可针对毕业或实习的学生实施问卷调查，全面了解学生对于数学内容的需求及教学上的建议等。

（二）建立精准学习者模型

自从学习分析技术与个性化学习等概念出现后，研究者更加关注学习过程中个体差异对学习效果带来的影响。学习个体差异主要体现在两个方面：一是认知起点，包括个体年龄、教育水平、学习经历等；二是个体差异，包括学习风格、学习能力等。根据高职学生和数学学科的特点，在教学之初从这两个方面建立学习者模型。

1. 基于初始认知水平的学生分层

教学之前，对学生进行入学测试，根据学生生源性质及入学测试成绩把同专业的学生分为 A（发展）、B（提高）、C（基础）三个级别，分别组成教学班，实行差异化教学。对于 A 级发展班的学生，这部分学生基础较好，除了按教学大纲完成一元函数微积分和线性代数初步外，还可以补充讲解数学知识在专业中的应用，培养他们运用知识解决问题的能力。对于 B 级提高班学生，这部分学生的数学基础知识比较欠缺，可利用一定的时间先补充讲解中学数学的相关内容，然后学习基本的一元微积分，教学方法上主要采用启发式教学，循序渐进，逐步提高。对于 C 级基础班学生，他们的数学知识水平相当于初中水平，只能选讲与专业相关的基础知识，如电信专业的学生讲解指数函数、三角函数、复数及向量等知识，计算机专业讲解线性代数、图论等知识。

2. 不同学习风格的学生聚类

有效的教学方法能够结合每个学生的自身特征与个性化差异，引导学生高效率学习。学习风格对学习者学习资源的偏好、学习活动的开展及学习方式的选择产生着较大的影响，根据不同的学习风格进行差异化学习资源推荐、设计不同教学策略是当前"精准教学"领域的研究趋势。

（三）精准设定教学目标

高职数学的"精准教学"目标是在遵循"以应用为目的，以够用为适度"的原则上，设立与学生的学习现状、学习风格和专业需求高度匹配的教学目标，并对达到教学目标必须掌握的知识进行详细的描述和解释，建立一个教学期望值与学习者模型之间相对应的一一映射关系。第一步，学习之初，根据学生的初始基础和学习风格，利用大数据和聚类方法初步建立学习者模型；第二步，对不同模型的学生建立教学目标并进行细化和量化；第三步，建立学习者模型与细分后的教学目标维度的映射关系，即设定与学习者特征高度匹配的教学目标。

（四）精准设计学习活动

学习活动要紧密联系学生的实际，从学生的生活经验和已有知识出发，创设生动有趣的情境，引导学生开展观察、推理、交流等活动，使学生通过学习活动，初步学会从数学的角度去观察事物、思考问题，激发对数学的兴趣，掌握数学知识的应用能力。设计精准学习活动，应综合考虑学生的基础状况、学习偏好、技术支持及活动组织等因素。按照以下步骤进行：第一步，调查分类，通过大数据测量、辨识学生的差异，包括学生自身发展方面的差异，如基础知识、学习兴趣等，学生与学生之间的差异，如学习风格、专业背景等；第二步，动态分组，按照学习活动与教学内容性质，根据学习者特征差异进行同质化分组和异质化分组，按照组别设计不同的教学活动；第三步，一致性与差异化教学，针对学生的共性需求，实施一致化的教学活动，针对学生的学习现状和个性化学习需求，在一致化教学之外实施差异化的教学并对学生进行有针对性的指导。

（五）尝试"互联网＋教育"的教学方式

李克强总理在多个场合畅谈"互联网＋"，极力推进其与各行各业的结合，"互联网＋"一时间成为人们关注和讨论的热点，自然地"互联网＋教育"成为各院校讨论的焦点。高职院校要更好地利用手机等设备，可将现代信息技术在教学过程中合理应用。如在网站上建立科学园地模块，定期分享科学小故事，在课堂上讨论；或者借助社交平台随时提教学建议或需要帮助解决的问题等；或分享精品课程或数学文化史，让学生更好地了解数学的起源等。

（六）基于大数据的高职数学"精准教学"测评

"精准教学"的实现依赖于对学生学习情况的评测，为了更清楚地了解学生的学习效果，在对学生进行评测时采用自适应评测系统。在建立此系统之前需前期建立相关题库，以用于评测。自适应评测系统指依赖于项目理论模型构建的对学生学习情况进行评价的系统，可根据学生的答题情况，分配适合其水平的题目，从而更为精确地测量其学习效果。此类型的评测与传统的采用相同题目对学生进行学习评价不同，一方面避免了抄袭的情况出现，另一方面根据学生的能力分配适应其能力的题目，最终的评价标准并非传统的加总成绩而是加权分数值。自适应评测系统运行的效率和效果依赖于模型的设置，包括参数和模型形式的设定等，既是实施"精准教学"的关键也是研究中的难点。在自适应评测系统有效的基础上，"精准教学"可体现为以下几个方面。

1.分专业教学目标的精准实现

高职数学课程作为众多学科的基础性课程之一，授课范围广，不同专业对本门课程的要求存在差异，因而目标设定存在差异，即评测知识点上达到精准。

2.学生对个人知识掌握情况的精准认知

自适应测试系统对学生学习效果进行测量时会根据个人的答题情况自动分配适合答题能力的题目，学生答题情况加权得分越高说明对知识的掌握越好。由于个人上一题的答题情况会影响下一题的难度，系统会根据答题情况进行题目选择并推送，很好地避免了抄袭，同时由于推送题目适合答题者的能力，能较好地避免猜题的情况出现，更为精确地体现了个人的知识掌握程度，从个人评测上达到精准。个人评测结果中将显示答题的难易程度、答题时间、对错等信息。

3.教师对教学效果的精准掌握

学生完成评测后，系统可实时生成评测报告，并根据事先的分组、分班等信息生成个人、小组和班级报告，教师能够及时了解学生个人、小组、班级三个层面的情况，从而调整教学内容并针对小组和个人提供相应的教学决策和建议，实现对教学效果的精准掌握。

总之，在大数据时代，高职院校以及教育工作者要充分利用大数据来改善高职数学教学的质量，这样才能推动高职数学教学的全面改革。通过分析高职院校数学教学现阶段的状况，从改善教学方式、教学理念等多个方面出发，弥补传统高职数学教学中单向教学的缺陷，让教师能够对学生形成全面、准确、客观的评价，通过真实准确的数据来因材施教、调整教学计划，帮助学生成长成才。长期以来，这种方式还能够有效地促进学生的全面健康发展。

第二节　数学建模融入高职数学课堂教学

数学建模是将现实生活的问题用数学模型来解决，对于高职高专学生来说更具吸引力。"互联网＋教育"助力数学建模案例真正融入高职数学课堂教学，借助中国 MOOC、智慧职教等网络平台，构建适合高职院校学生的数学建模和高职数学网络课程。一方面，教师可以利用雨课堂、蓝墨云班课等智慧教学软件，将与课堂内容相关的数学建模案例课件或视频发布到网络班级课程中，布置课前和课后探究问题。这既有利于激发学生的求知欲，引入新课内容；又有利于课堂的延伸和知识的迁移，让学生在探究和参与中掌握知识及其在实际中的应用，提升学生解决实际问题的能力和创新能力。另一方面，教师可以根据对学生在课堂上表现的数据的分析，指导表现优异的学生自主学习数学建模网课，选拔优秀数学建模队员。如果在教学中积极融入互联网思维，充分利用互联网工具、引入互联网案例，将会使高职数学建模课程更利于学生接受理解。在"互联网+"大背景下，将高职数学建模课程与互联网技术相结合进行基于互联网思维的教学改革既符合时代发展需要，也符合当前与今后人们的学习习惯。因此当前必须积极探索与尝试基于互联网思维的高职数学建模教学改革。

一、开展线上社团备战数学建模竞赛

数学建模教学在高职实践应用中很难做到"一刀切"，毕竟学生的基础相差较多。如果对全体学生开展统一进度的数学建模教学，那么教学内容势必简单而无法提升难度。因此建议针对数学基础较好的学生建立线上社团。即将有数学建模学习热情、有良好基础的学生组成一个社团，并在线上进行社团活动，如案例分享、主题学习、讨论、竞赛等，以此提升少部分学优生的数学建模能力。同时可以将各级各类数学建模竞赛作为线上社团的验收过程。参加符合学生层次的数学建模竞赛可以为学生提供学习动力。数学建模竞赛的备战过程也是学生最重要的学习过程，教师应积极利用互联网的优势有效利用学生的业余时间，以线上社团的形式帮助学生备赛。

二、引入基于互联网内容的教学案例

传统的数学建模课程案例多数是与传统工作、生活、生产相结合的实际项目的数学应用。但是新时期，各行各业的生产、生活都在发生着变化，而学生所接触的大多数内容都来源于互联网。因此传统的教学案例内容陈旧不符合时代特征，缺乏对学生的吸引力。新时期，教师要积极探索引入基于互联网内容的数学建模教学案例，如"打车软件对出租车资源配置的影响模型"案例、"健身 App 对大学生运动热情的影响模型"案例、"大学生网络消费的数学模型"案例等。通过学生了解并且感兴趣的互联网数据进行数学建模，能够更有效地调动学生的学习积极性。同时，这也是未来数学建模领域所要研究的主要方向，教师将这些案例引入教学更有利于学生形成基于互联网的数学建模思维。

三、创设线上精品课程

目前的高职数学线上教学对于数学与实际、数学与其他学科的联系还没有真正得到体现，因此，高职数学在数学应用和联系实际方面需要大力加强。近几年来，全国大学生数学建模的实践表明，开展数学应用的建模教学活动有利于激发学生学习数学的兴趣，有利于增强学生的应用意识，有利于扩展学生的视野。越来越多的高职院校正在将数学建模与生活实际及其他学科的教学有机地结合起来，通过数学建模来提高学生的综合实践能力。在线上教学改革中，高职院校应创设相应的线上精品课程，丰富线上课堂教学资源，以优质教学团队作为基础，开发相应的信息化教学资源，借助信息化平台，实现教学资源共享，在线上教学中不断优化高职数学课程结构。教师可以通过互联网增设数学建模、数学实验等选修课程，多角度地提高学生的数学应用意识，使高职数学线上教学中融入数学建模成为一种新的教学模式。线上数学建模教学可以使更多的学生参与到数学建模的学习中。

第三节 "工学结合"模式下的高职数学教学

数学学习较为枯燥，较为考验学生的耐心，所以只有激发学生对数学的学习热情，才能很好地提升教学的效果。在高职数学教学不断改革的过程中，学生的思维模式也在不断发生着变化，以往的教学模式具有一定的滞后性，影响学生的学习兴趣，进而影响学生的整个学习过程。"工学结合"培养模式能够提高数学课堂的趣味性，保证学生的综合素质得到一定的提升。

一、提高学生对数学学科的认识

对于很多偏科的学生来说，缺乏兴趣是导致其成绩差的主要因素，只有以积极的态度面对数学，他们才能逐渐对数学学习产生兴趣。数学是其他学科的基础，任何学科的学习都离不开数学的支撑。数学知识主要是融入了各种数学思维和想法，具有较为广泛的应用价值。为调动学生的学习兴趣，应使学生认识到数学学习的重要性，使其与实际联系起来，逐渐提高数学成绩。数学并非一门纯理论性学科，更多的是要进行实践，通过实践使学生明显感受到数学的重要性。因此，在学习数学前，教师可通过一定的实践活动，促使学生了解和认识数学学科，并产生强烈的学习兴趣。

在"工学结合"的教学模式下，可以通过将高职院校的教育工作和企业的实践活动结合起来，为学生提供更多的实习机会，让学生在实习中提高对数学学科的认识。例如，在学生学习椭圆、双曲线等知识之前，教师应引导学生了解函数的性质和意义，在学习具体的函数知识以后，教师为学生提供动手实践的场所和机会，让学生在机械制造的过程中应用函数知识，并借助相关的数学软件设计出机械制造图表，从而加深学生对数学知识的理解。

二、加强专业人员培养对接

在开展高职数学教学过程中，除了创新教学方式，注重理论与实践对接来提高教学效率之外，还应当完善教学内容，因为学生之所以需要学习是因为自身缺乏一定的专业知识。例如，在学习"常微分方程"一节时，教师可以为学生列举实际的教学案例，如倘若我国的国民经济总产值为 X（元），其随时间的不断变化而产生显著的变化，其中 T 年中的变化率为 6%，那么请问要想使我国国民经济总产值在原来的基础上翻两倍应当需要多少年？教师在完善此节教学内容时，学生会根据题意建立符合实际要求的微分方程，再经过探讨与交流最终等到解题策略。由此可见，在上述实际教学案例中所涉及的数学知识有国民经济增长率等，然而这些最基本且显而易见的数学概念都是可以要求学生用导数来进行表达与描述的。

综上所述，在进行"工学结合"教学过程中应当完善教学内容，同时加强专业人员培养对接，进而有效强化学生解题思路，使学生能够将自身所掌握的数学知识运用到现实问题中，最终提高自身的实际问题解决能力，实现高效教学的目的。

三、注重教材配套建设，构建立体化教材

当前，计算机技术和网络的广泛应用促进了教学信息化程度的提高，传统教材的局限性愈加凸显，课程教材改革已成必然。为推进教学改革，提升实践教学效果，结合课程建设、教学方法和手段的改革，加强配套教材建设、构建立体化教材是新时期创新教学训练模式的有效途径。相对传统纸质教材而言，立体化教材是纸质教材、电子教材、多媒体教材、网络课程、多媒体课件、教学素材库、电子教案、考试系统和多媒体教学软件的统称。立体化教材的优势在于能够综合运用多种媒体并发挥其优势，通过媒体形成教、学互动，增强学习趣味性，调动学生积极性。在以实践教学为特色的职业教育教学中通过教材立体化改革，既可有效激发学生的学习兴趣，培养学生的自主学习动力，提高教学效果，又能够优化配置教学资源，为职业教育教学提供一种教学资源的整体解决方案。

教材立体化建设以现代教育技术为基础，对信息技术有一定的要求，所以院校教材建设管理部门应集中优势资源，先规划建设几门和信息技术关联度高、有技术实力的课程教材，以此为基础，以点带面，配套开发出更多的立体化教材。教材立体化建设不能舍本逐末，要正确处理好纸质教材与电子教材之间的关系，做到基本教材与配套教材的协调、互补发展，切实促进课程教学改革深入推进。

四、以就业为导向，明确高职数学定位

"工学结合"培养模式在教学过程中重视学生实践能力和实际操作能力的培养，学生和家长的共同愿景也是学习专业技术。因此，高职数学教学应该承担起辅助专业课程学习的作用，明确自己的定位，在学生成长成才过程中发挥好辅助作用。以就业为导向开展高职数学教学改革是"工学结合"培养模式下的必然选择，要求高职数学教师能够明确高职数学与其他专业课程学习之间的联系，能够找到高职数学与其他学科或者专业的共通之处。综合学生在实际工作中遇到的问题或者瓶颈，进行相应的数据收集和分析，并将其作为高职数学教学设计的重要参考。高职数学教师可以根据学生在"工学结合"中的实际需要，以提升学生的就业质量为指导进行相应的教学活动设计，有针对性地帮助学生提升就业能力。例如，市场营销专业的学生在实际工作中会遇到数据统计困难的问题，那么高职数学教学便可在课程编排方面增加统计学讲解。以就业为导向，灵活调整课程设计和安排等，明确自身定位，有效提升高职数学教学改革在"工学结合"培养模式下的发展和完善。

随着我国教育改革的不断深入，社会对于人才的要求不断提高，现阶段高职院校在教育教学中所采用的"工学结合"培养模式是提高高校教学质量、增强人才素质培养的重要途径之一。高职院校的数学教学对人才培养的素质培养以及能力培养具有重要的意义。为了使得学生可以将理论知识与实践知识进行结合，高职院校在教育教学过程中要时刻秉持着以"工学结合"培养模式为基础，从而丰富数学教学的模式以及教学内容，深化对高职数学教学的改革。高职院校基于"工学结合"培养模式对数学教学进行改革，有利于促进高职院校的人才培养模式的创新，同时也可以促进高职数学教学更加符合社会对人才的要求，提升学生的数学学习动力，使得学生可以很好地掌握并且运用数学知识。

第四节　人工智能背景下的高职数学教学

人工智能技术与教育相结合，能够实现教师的精准教学和学生的个性化学习。高职院校数学课程在传统教学模式中，以教师讲授为主，学生参与实践较少，对课程缺乏兴趣。人工智能时代，高职院校数学课程应以思维教学为主线，以数据为支撑，对课程进行结构性调整；教师应由知识的传授者转向为学生成长的引领者；高职院校应利用大数据智能地规划出最佳的绩效机制和评价体系；教师应积累有效的学习数据，为学生提供个性化的学习规划路径，实现因材施教。

一、人工智能引发高职数学教学变革

近几年，国内许多知名教育机构纷纷增强了人工智能研发力度，众多体现"人工智能＋教育"特色的公司不断涌现。人工智能时代的到来正改变着人们的行为方式，也给人们的思想、工作以及生活带来了一系列变化。它的出现对高职院校数学相关课程的教学产生了巨大影响。人工智能时代，如何利用大数据、云计算等改进高职数学课程教学方式，提高教学水平和效果，适应各专业需要，促进高职教育的发展，是教师必须思考的问题。

随着人工智能时代的到来，高职数学教学模式已经发生了很大的变化。在确定班级之后，教师可以利用大数据了解学生的生源情况、成长环境、情感类型，在备课时要充分考虑学生接受和掌握知识的情况。在教学过程中，教师可以利用大数据来了解学生，根据学生的学习成绩、学习方法和学习兴趣，采用多种教学方法，从而实现教学目标。教师可以通过大数据了解学生所学的专业和将来的工作，以及所属行业发展状况，科学地安排教学内容，完成教学任务。人工智能时代，高职院校学生具有独立自主的行为特点，他们接触网络，喜欢通过自身体验来获取知识和技能。在完成课堂学习任务的基础上，学生充分利用创新的教学模式如慕课、微课等来学习，突破了时间、空间的限制，提高了学习水平。教师可以通过大数据快速、大量地采集教学信息，准确分析学生遇到的困难和出现的问题，及时调整教学过程，使教学效果明显提高。学生也可以利用大数据所揭示的信息，及时全面地了解自己，不断更新知识，提高自我。

二、对高职数学课程进行结构性调整

人工智能时代采用的是对全体样本数据的处理技术，这样能够凭借客观数据科学地进行预测分析，避免了凭经验和专家论证设置课程所带来的偏差。大数据的特点是数量庞大、准确而及时，大数据决策模型既有利于预测总趋势又能关注小概率事件，根据专业发展的技能和未来趋势，为合理地动态调整课程教学提供了可能。高职数学课程，培养了学生的理性思维，提升了学生的人文素质，发展了专业核心能力以及团队协作精神。在哪些专业开设数学相关课程，讲授什么知识，讲授多少课时，这些都可以通过大数据理论分析给出合理和明确的结果。

三、为学生提供个性化的学习规划路线

人工智能时代下，高职教师在完成课堂教学的同时，要创新教学模式，采

取翻转课堂、微课等作为传授知识的重要补充。还可以通过搭建师生网络互动平台，完成教、学的互动，拓展知识结构。高职院校的学生应该清醒地认识到自己的不足之处，转变自己的学习态度和方式，积极主动地通过利用大数据选择学习资源，培养良好的学习习惯，掌握有效的学习方法，弥补基础的薄弱。当然，怎样才能更好地利用大数据进行高职教育改革是需要教师利用多种方式持续性开展的任务。

高职院校应建立内部大数据采集平台，该平台涵盖高职院校内部教师、学生、教学、管理等各方面信息，并及时更新、累积相关大数据。大数据的发展，必定会引起高职院校的改革。在人工智能推动下，数学教学不断创新，数学教师应与时俱进，充分利用资源，把对人工智能、大数据技术的认识融会到数学教学中，培养适应社会的高素质人才。

四、依托人工智能技术打造混合式教学模式

（一）线上自主学习

利用在线学习平台让学生开展课前预习及课后复习。教师可通过超星学习通平台创建高职数学课程及相应的班级，让学生扫描班级二维码进入班级，并依托课程资源完成教师布置的任务，开展课前及课后的线上自主学习。课前，教师可通过超星学习通平台发布预习任务，包括观看课程视频以及完成预习作业。教师可以将视频设置为"防拖拽"，并在平台上给出预习作业的详细解析过程，最后通过平台查看学生的预习情况。课后，教师可根据学生的课堂反馈，针对学生知识掌握的薄弱环节布置在线练习题，并给出练习题的详细解析。超星学习通平台具有统计的功能，能够详细地记录教师发布任务的数量、学生观看视频的情况等，并将统计结果实时地呈现给任课教师。任课教师可在平台上查看学生的实时学习进度及作业完成情况，并适当地调整课堂教学计划。另外，超星学习通平台能够对学生的在线测试成绩进行统计，将学生的错题及错题比例等实时地呈现给任课教师，有助于教师根据这些统计结果开展有针对性和差异性的教学。

（二）线下课堂教学

鉴于高职数学课程具有高度抽象性的特点，课堂教学仍是高职院校一个重要的教学方式。课前，任课教师可通过超星学习通平台查看学生的预习情况及习题自测情况，统计出学生不会做的题目及在预习过程中提出的问题，并结合

重难点知识，对课堂教学的内容进行调整。在讲授完知识点后，教师可随堂布置少量有针对性的练习题，检验学生的学习效果。此外，在课堂教学环节，教师可以利用超星学习通平台的签到功能实现快速考勤，并利用抢答及随机提问的功能提高学生的课堂参与度。针对不同的教学内容和不同专业的学生，教师还可以灵活采用案例式教学方法、分组讨论式教学方法等。课后，学生可以通过完成教师在学习平台上布置的课后作业来进行巩固和复习，对知识点进行查漏补缺，从而取得更好的学习效果。

（三）实现差异化教学

在传统的高职数学教学过程中，教师通常情况下会采取统一的教学模式，但未能针对学生的差异化进行因材施教，其主要原因在于教学模式的限制，难以明确学生的差异，增大了差异化教学难度，影响了教学质量。灵活利用人工智能的优势，以大数据为基础，可以促使教师积极开展差异化教学，明确学生存在的不同，在保证教育规模的基础上实现因材施教，提高学生的综合素养水平。例如，慕课平台的应用，改变了传统的高职数学教学模式，并突破了传统的技术限制，扩大了课程受众面积。教师可以将大数据驱动系统与其相结合，构建以大数据为基础的模型平台，积极进行模式化教学，通过合理的线上课程设计，优化课程顺序，营造良好的教学环境，实现规模化教学的差异化教学，提升学生的综合素养水平。

（四）实施精细化管理

教师应改变传统的教育环境与模式，消除现有的理念限制，为学生营造优质的学习环境，充分发挥数据的优势，促进学生全面发展，实现精细化管理，并通过大数据驱动系统进行数据观察与分析，逐渐促使高职数学教学向智能化与数据化方向转变，提升教学质量。例如，在进行微积分讲解的过程中，教师应积极设计高职数学教育精细化管理助理系统，根据学生的实际情况进行管理，并合理进行反馈，提供智能化服务，如教材选择、评阅、课程指导等，利用大数据实现教学驱动，提升高职数学教学效果。与此同时，积极提升院校的服务能力，充分发挥出数据的优势，实现运用数据决策、数据管理以及数据开发的理念，选择理性的教学，推动教育改革创新。高职院校应丰富现阶段的教育活动，为学生创建学习高职数学的机会，并积极举办高职数学教育活动，如数学建模大赛、数学展示活动，通过活动促使学生主动参与学习，树立正确的学习思想，通过活动探索知识内涵，帮助学生掌握知识内容、注重学生综合素养的培养，为学生营造优质的学习环境，鼓励学生积极主动进行学习，在学习中养成良好的学习习惯。

五、以专业融合激发学生的学习兴趣

高职院校人才的培养目标是服务社会并利于国家发展，它不仅体现了高职院校办学的使命和价值追求，同时也要顺应经济社会发展需求变化。因此，高职人才培养目标要具有导向性和激励作用，这也是人才培养持续发展的基本依据。高职数学教育是培养学生综合素质的重要环节，以学生发展为中心融合数学基础与专业素养设计综合性问题要激发学生热爱数学、欣赏数学，这是教师在课程设计中必须考虑的因素。高职院校应对高职数学课程进行改革，提高学生的基础课程同专业知识的融合度，激发高职数学的实用性，增强学生的竞争实力，为学生能够更好地适应社会打下坚实基础。

高职数学教学与人工智能的结合，可以让学生理解人工智能与数学相关知识的本质。人工智能既能服务于课程学习，同样课程学习也能反作用于人工智能，促进人工智能的进一步发展。因此，在基础课程学习中如果能够很好地融入人工智能将有助于基础课程的建设与发展，让新技术助力于基础学科的发展。目前高速发展的人工智能领域，在一些算法中用到的就是高职数学的思想和方法，将这些实际案例应用于高职数学教学将能更好地激发学生的兴趣，也能让学生对前沿问题有所了解。尤其是对于信息专业的学生而言，人工智能是他们后续学习要接触到的领域，可以先通过高职数学的教学理念让其体会到人工智能中一些具体算法是怎么分析的，这样会为其后续的学习奠定一个良好的基础。让学生尽快从初高中的"填鸭式"教学模式中转换过来，养成良好的自主学习能力，这是高职教育的主要目的之一。

第四章 互联网时代高职数学教学改革现状及意义

本章基于互联网时代，探索近年来高职院校数学教学改革的现状，分析存在的主要问题，为后文分析有效的改革路径提供依据，也为新时代更多的高职院校数学教学改革提供有益参考。

第一节 高职数学教学改革的时代背景

一、信息化的高速发展

21 世纪是信息化的时代，信息技术是当今世界发展速度最快、通用性最广、渗透力最强的高新技术之一，深刻影响着人类社会生活的方方面面。而当前我国正处于信息技术高速发展的时期，如果说 4G 技术更多的是改变我们个人的使用习惯，改变生活，那么 5G 时代正在改变社会，因为 5G 有两个最大的特点：一是速率更快，二是延时更短。正因为 5G 的高速率和低时延，整个应用的环境场景正在发生很大的变化。如智慧医疗，以后家中可能会有类似于一个医疗助手的设备，只要放在旁边，医生就可以远程实时操控。又如无人驾驶，在 5G 时代，"车联网"或者无人驾驶技术会有一个很大的发展。

当今世界正在进入以信息通信业为引领的数字经济发展时期，加快新一代信息技术创新突破和融合应用，已成为世界各国抢抓历史机遇、赢得发展主动的共同选择。我国高度重视新一代信息技术的发展，就云计算、人工智能、工业互联网、5G 等领域，做出了一系列战略部署，有力地推动了我国新一代信息技术的快速发展。

如今，移动互联网、大数据等信息技术正在引发教育领域的变革。一方面，信息技术在社会诸多领域的渗透引发整个社会的深刻变革，教育于变革的大环境下必然面临冲击与改变；另一方面，传统教育模式自身存在强烈的变革诉求，信息技术的发展恰恰契合了这种诉求，并成为变革的强大支撑力量。

二、《教育信息化 2.0 行动计划》的颁布

科学技术在教学中的应用对教学有重要的影响。现阶段随着人类社会向信息化时代迈进，教学为整个社会的发展带来了巨大影响。教学是人类社会科教文化领域的重要组成部分，也在很大程度上受到了现代科技的影响。随着越来越多的教学技术的发展与创新应用，与以往的学生相比，当前的学生在接纳和吸收新事物的能力方面，有了很大的提高，传统的教学手段和方式多为集体教学、课堂讲授，比较沉闷，已经不再适合当代的学生。教师应该充分地利用网络教学手段丰富沉闷的课堂教学，调节课堂气氛，营造轻松愉悦的教学氛围，调动学生的学习主动性，让学生以快乐的方式学到教学目标要求的知识。

信息化时代的到来进一步促进了教育教学的信息化改革。将信息技术应用于教育教学实践中，改善教育教学方式是整个社会科学技术发展的大趋势。

2018 年 4 月 13 日，教育部正式印发颁布《教育信息化 2.0 行动计划》。《教育信息化 2.0 行动计划》的颁布标志着我国教育信息化从 1.0 时代正式进入 2.0 时代。它明确了新时期我国教育信息化的发展现状与未来发展方向。

《教育信息化 2.0 行动计划》明确提出，到 2022 年，基本实现"三全两高一大"的发展目标。"三全"指教学应用覆盖全体教师，学习应用覆盖全体适龄学生，数字校园建设覆盖全体学校；"两高"指信息化应用水平和师生信息素养普遍提高；"一大"指建成"互联网＋教育"大平台。

新时期，随着我国信息技术的不断发展，教育也在顺应时代发展要求，充分利用社会上的各种资源来促进和实现自己的发展。信息技术是当前比较领先的科学技术，将信息技术引入教育领域，为教育教学活动服务是对社会信息技术资源的合理利用，对我国教育事业的改革与发展是十分有利的，也是历史的必然。

新时期，《教育信息化 2.0 行动计划》的颁布对我国现代教育教学产生了重要的影响，引起我国教育如下几个方面的转变。

（一）教育资源观转变

计算机信息技术发展初期，教育领域对计算机技术的应用主要是对文本教学信息资源的超文本处理，然后将加工处理过的教育信息传递给学生。将知识资源数字化、平面资源立体化，是信息技术发展初期的教育资源优化利用的表现。

新时期，仅仅实现教学资源文本处理的转变远远不够，还应该强调基于互联网的大资源观，建立网络学习空间。其包括引领推动网络学习空间建设与应

用，持续推进"网络学习空间人人通"专项培训，开展网络学习空间应用普及活动，以及建设国家"学分银行"和终身电子学习档案等。

（二）技术素养观转变

新技术的发明创造者是人，新技术的应用主体也是人，要想充分利用和利用好信息技术，使之更好地为教育教学服务，就必须要求教育活动的参与者（教师、学生以及其他教育工作者）不断提高信息技术的应用能力，提高信息素养，包括制定学生信息素养评价指标体系、提升教师信息素养和加强学生信息素养培育。此外，还要重视信息素养和信息技术的合作，不断完善教学过程。

（三）教育技术观转变

当前，我国对信息教育技术的应用主要在完善教学环境方面，但是信息技术的发展在教育中的作用不应仅限于此，还应嵌入整个学习系统中去，实现整个教育体系的信息化教学。其中涵盖开展智慧教育创新示范、构建智慧学习支持环境、加快面向下一代网络的高校智能学习体系建设以及加强教育信息化学习共同体和学科建设。

（四）教育治理水平转变

我国过去针对教育体系中出现的问题采用的多是"补救型"的处理方式。具体来说，就是先出现问题后治理问题，没有强调教育治理现代化。

新时期，信息社会信息的传播速度惊人，而且可以短时间内引发"牵一发而动全身"的效应，因此，一定不能忽视对信息化教育系统的宏观建设与管理，必须不断提高教育管理水平，促进信息共享，完善政务服务。这意味着我们要提高教育管理信息化水平，推进教育政务信息系统整合共享，推进教育"互联网＋政务服务"。

（五）思维类型观与发展动力观转变

当前，就我国教育信息化的发展来说，其所面临的一个重要问题是思维方式还停留在工业时代，对信息技术的应用还仅仅停留在教育技术的硬件与软件建设上，还没有从思维上彻底转变"工具型"思维。

新时期，人工智能已经在人们的日常生活中得到了广泛应用。要适应新时期社会信息技术的发展，就必须建立人工智能思维，不断提高创新意识、创新能力，真正实现教育的创新发展，培养创新型人才，反哺并推动信息技术的发展。

三、教育变革顺应信息化时代要求

（一）突出对教育空间的重塑

信息技术发展刺激下的教育变革，突出体现在对教育空间的重塑上。一方面，传统教育空间得到有效拓展。传统教育模式下，教育者与受教育者的活动均局限于实体课堂等物理空间，即客观存在的现实空间中。信息技术的发展将教育者与受教育者的活动拓展到数字空间，甚至是虚拟空间。交互式演示系统、电子书等数字化工具的使用，使教育实现了对物理空间的超越。而云计算、大数据等技术更是将教育拓展到虚拟空间，构建出一整套包含教育者、受教育者、管理者、公众各个主体，覆盖教育环境、资源、管理、服务各个方面的虚拟教育系统。

另一方面，空间设计开始与学习活动紧密相连，力求满足教育者日益多样化的学习方式对空间环境的需求。如在实体校园等传统的物理教育空间中，空间设计正在从以讲授为主的讲座型空间逐渐转变成为集自主学习、自由讨论、悠闲放松、工程设计等多样化需求为一体的立体化多功能空间，为学生营造优质便利的学习环境，提供良好的学习体验。

（二）引发教育方式的转变

传统教育模式下，受教育者知识的获取局限于课堂和纸质书刊材料的阅读。随着信息技术的发展，MOOC、网络公开课、直播等新形式大量涌现，越来越多的受教育者开始使用在线学习、移动学习等新型的学习方式。2020 年年初，因新冠肺炎疫情的影响，全国大中小学校推迟开学，2.65 亿名在校生普遍转向线上课程学习，用户需求得到充分释放，在线教育应用呈现爆发式增长态势。新型学习方式的出现使受教育者可以不拘泥于学校课堂，任何时间、任何地点通过多种渠道获取想要学习的知识。而对于教育者，数字化教育工具正成为他们教学活动中不可或缺的一部分，并由此产生基于视听媒体技术的多媒体教学，基于卫星通信技术的远程教学，基于计算机仿真技术的虚拟现实教学等一系列新的教学方式；而微课程、电子书包等应用的出现更是对线上与线下的教学方式形成了有效整合，为教育者提供了更多、更灵活、更便利的教学方式选择。

（三）带来教育理念的更新

传统教育模式下教育者的权威地位在开放共享的信息时代被逐渐削弱，平等合作的新理念得到彰显。宏观上，在信息技术支持下的庞大教育生态系统中，每一个个体掌握和需求的知识不同，都既是教育者又是被教育者，唯有平等相待，彼此合作，依靠集体的努力与智慧，才能共同维持整个教育系统的良性发展。具体来说，信息技术使知识本身的平等性特征得到更充分的彰显，教育者和受教育者逐渐发展成为平等的学习共同体，平等合作的理念使教育回归为传道、授业、解惑的本源，重新聚焦于受教育者的需求。以翻转课堂教育模式为例，传统课堂中 80% 的时间用于传授知识，20% 的时间用于受教育者对知识的理解和内化。翻转课堂将这种"二八定律"倒置，受教育者运用 20% 的时间通过微课堂等方式在教室外对所学内容进行了解，而运用 80% 的时间依据自身对知识的了解情况与教育者合作，在教室内进行有针对性的知识内化。教育者从知识传授者转变为导学者、助学者、促学者、评学者。同时，信息技术不仅为教育渗透了平等合作的理念，更为教育增添了许多新的、必要的培养理念。21 世纪的学习者要适应信息化时代的发展要求，所应当掌握的不仅局限于传统意义上的科学文化知识，更包括学习和创造能力、意志品质、生活技能、信息素养等。早在 2009 年，21 世纪技能联盟便提出了 21 世纪学习"彩虹图"框架，明确 21 世纪学习者所必需的技能及各项基本技能。可以看出，21 世纪的教育体系首先建立在传统教育体系的基础上，包含阅读、写作、语文、外语、美术、数学、经济、科学、社会、地理、历史、政府和公民等传统核心学科，还包括金融、健康、环境、创新等 21 世纪新理念，传统核心学科与 21 世纪新理念共同构成 21 世纪学习框架的中心和基础；此外，学习者应具备生活和工作、学习和创新、信息技术与新媒体等 21 世纪急需掌握的技能。生活和工作技能包括灵活性和适应性、主动性和自我指导、社交和跨文化交际能力以及生产能力和绩效能力、领导能力和责任感等部分；学习与创新技能包括批判思维、交流沟通力、协作力、创造力等在学习和创造性劳动中终身受益的关键技能；信息技术与新媒体技能包括信息素养、媒体素养、信息交流和科技素养等获取、分析、应用信息的基本能力。这些都是 21 世纪学习的目标和努力实现的方向。

（四）谋求教育再发展

由于技术、观念等方面的限制，传统教育的再发展已经出现很多问题，诸多方面显示传统教育不能适应当代社会的发展。而这时候信息技术能够施以援手，解决这些问题。在当今的教育领域，优质教育资源的短缺仍是阻碍教育良性发展的首要难题，教育的一大诉求便是质量的提升，而信息技术可以通过诸多方式在教育质量的提升方面发挥效益。第一，互联网的实时运作可以使受教育者及时掌握最新的知识，信息化工具通过图像、声音、影像、动画、文本一体化的形式使知识的传播更生动、更准确，有利于受教育者对知识的有效接收与理解。第二，信息技术可以实现对优质教育资源的整合和开发。教育者可以打破自身知识、能力的局限，调用全国甚至全世界的优质资源，服务于教学活动，使有限资源创造更大价值。第三，信息技术可以运用于教育资源的管理，通过对教育过程和信息的大数据挖掘、对比、分析、转化等操作，为教育管理者提供资源配置、数据集成、信息管理、运行监控等业务支持，实现教育资源的可视化管控和远程督导，评估教育资源是否真正实现物尽其用，并进行及时的反馈和调整。通过如此"实施—反馈—改进"的循环，以信息数据驱动智慧决策，使教育资源的运用不断得到完善。

同时，教育发展的不平衡性也是其再发展所面临的大难题。大面积"择校潮"的出现，充分体现了受教育者对教育公平的诉求。教育发展的不平衡性主要体现在地区、城乡、阶层、类别四个维度上，主要原因在于教育资源具有稀缺性。而传统教育模式相对封闭，有限的资源主要服务于本地，且由于技术等客观条件的限制，可传播的范围十分狭窄，不同地域、不同学校孤立发展，教育质量存在较大差异。信息技术为公众提供了开放共享的教育资源服务平台，给予公众平等的准入资格，一定程度上促进了起点公平的实现。并且，信息技术突破了时间和空间的限制，改变了资源分布形态与拥有关系，使资源具有无限可复制性和广泛通达性，来源更广、体量更大、成本更低，有利于增强信息的对称性，破除教育垄断，实现教育机会的均等。

此外，教育还面临个性化缺失的困境。传统模式下的教育强调统一性、标准化，采用"一刀切"的进度控制方式，忽略了受教育者的个性差异；且受教育者只能在特定的人生阶段接受特定的教育内容，内容呈现同质化、阶段化，与受教育者的个人联系不紧密，远远不能满足其工作和生活的需要。大数据、云计算等信息技术可以更精确地反映教育者的知识水平、能力结构、个性倾向、思维特征，更加了解受教育者的个性化需求。并且，信息技术提供的庞大教育资源可以充分满足受教育者的个性化需求，填补职业教育、技能教育等传统教育中教不到或教不全的内容，使教育更全面也更有针对性。

无论是对信息化时代顺应的选择还是运用技术谋求变革的思路，移动互联网、大数据等信息技术都正为教育应对挑战、实现教育现代化提供途径，并将继续推动教育的变革，开创新的教育时代。

第二节 互联网时代高职数学常规教学改革方向

一、高职数学常规教学的现状

高职数学的常规教学部分是高职院校对学生进行数学教学最重要的课程载体，针对学校不同专业的知识背景要求，可以细分为"应用数学""经济数学""计算机数学"等课程分支；按照教学模块分类，则可以分为"微积分""线性代数""概率论与数理统计""离散数学"等若干部分。一直以来，高职数学的教学内容都随着我国高职教育的发展而不断调整和变化，如早期的高职数学课程基本上是本科数学课程的"压缩版"，其教学内容和方法都深深地刻上了本科教育的烙印。

进入 21 世纪以来，我国的高职教育规模得到迅猛发展，但与此同时，高职学生的数学基础素质和学习能力却普遍下降。顺应工学结合和培养专业技能型人才的要求，绝大多数高职院校都先后压缩和删减了高职数学课程的学时和教学内容。这种变化固然是由高职教育的目标和特点，以及高职学生的基础素质、学习能力、数学水平和领悟能力等诸多方面决定的，具有一定的普遍性、必然性和不可逆转性，但是造成的负面影响却是深远的。实质上，这种做法体现了高职院校在人才培养中长期存在的功利化和实用主义思想，轻视和忽略了数学教育在培养学生人文素质、应用技术能力和创新意识等方面的巨大推动作用。

二、高职数学常规教学的改革方向

在工业 4.0 和"中国制造 2025"的时代背景下，数学将在我国新兴产业的发展中起到越来越关键的基础作用，这就急需高职院校在数学教育的形态上与时俱进地进行变革，及时培养大量人文素质高并且掌握最新数学技术技能的创新型人才。因此，高职数学课程需要通过灌输数学文化对学生进行思想价值引导，实现文化育人，同时通过数学建模培训，提高学生分析问题和解决问题的创新能力。实质上，常规教学、数学文化和数学建模均是高职数学课程实现创新型人才培养的重要途径。

（一）教学内容专业化

1. 根据专业需求调整教学内容

教师应以专业课、后继课为起点，了解学生毕业后的岗位需求，认真钻研数学内容，适当进行调整。如会计专业，对于既满足供应需求，又使成本最小问题需要精讲，并增加相关内容；对于极限求值的方法略讲。对于机械类专业学生来说，空间图形知识能够培养空间思维能力，通过点、线、面之间的位置关系，构成立体空间。这部分内容可以前置，为机械绘图学习打下基础。机械类专业基础离不开不定积分与定积分的应用，所以积分内容应作为重点内容进行讲解；机械类专业工艺涉及的误差问题，应用到较少部分的概率统计知识，可把此部分摘出选讲。

2. 根据专业特点选取合适的数学例题

好的例题可以让学生更加直观地了解数学，了解数学在各专业中的用途，将抽象的数学知识直观化。而不当的例题则对学生起不到足够的指导与影响作用，无法加深数学在专业课程中的渗入。诸如给会计电算化专业的学生讲述太多的几何知识，只会让他们感到茫然；而让机械自动化的学生学习较多经济方向的例题，则会让他们觉得基础数学与该专业没有什么联系。所以教师应选择适当的、符合专业需求的例题，指导学生数学与专业深入融合。

3. 教学手段的合理化运用

20 世纪美国数学家克莱因认为，教师应该像演员一样，把学生当作互动观众。教师应该具备良好的语言与肢体表现能力，富有教学的艺术性，从而有效地激发学生的学习兴趣，达到良好的教学效果，如数学史的引入，数学文化的渗透。学生学习数学时，感觉数学的运算以及数学整体思维的构建较难。数学的历史进程，不仅对于学生甚至对于教师来讲都是不熟悉的。数学史是整个数学发展的脉络，学生学习之后会有一种身临其境的感受，拉近自己与数学的距离。很多学生都知道牛顿是物理学家，但不知道他还是数学家，教师在微积分授课的时候，可以引入牛顿与莱布尼茨的关系、牛顿与莱布尼茨个人生活的讲解，学生会对牛顿 – 莱布尼茨公式更加感兴趣，产生共鸣的效果。数学小故事还可以让学生学习到正确的价值观和人生观，如苹果落地的故事可以让学生明白心思缜密、注意观察的重要性；微积分公式发现的故事可以让学生认识到沟通与合作的重要意义。

（二）考核评价的综合化

随着信息时代科学发展对高职教育的冲击，之前的高职院校考核体系显得有些陈旧。原有的评价体系就是简单的期末考试成绩与平时成绩、期中成绩相结合，各成绩各占一定的百分比，平时成绩考核面相对较窄，不外乎出勤、纪律与作业，而对于听课状态、课堂具体表现、学习主动性涉及较少。高效的考核评价体系是推动学生学习积极性与数学教学发展的利器，只用简单、陈旧的考核方式是无法达到预期效果的。考核评价是一种方式与手段，目的是促进学生达成学习成果。考核评价的方法不能只体现在期末考试的成绩和平时的到课率，还应该将学生平时的实践与各种考评融合到考核方式中来。考核评价方式既要注重学生对知识的掌握，又要注重学生综合素养的培养。

（三）学习过程的监督评价

为使教学质量得到保证，达成教学改革的目的，合理的监督评价是必要的，也是必需的。定期监督评价可促使学生养成良好的学习习惯，找到自身不足，达到学习进步的目的，平时成绩考核以此作为借鉴。对学生定期监督评价的内容主要包括三点：动机、学习态度、学习意志等。

通过监督评价策略的实施，教师可以对学生进行定期评价，作为一种有效的方式，教师能够在以上三个方面对学生进行正确评价。监督与评价不是为了奖惩，也不是为了给学生增加压力，而是从根本上关心学生的学习动态和情绪、情感的变化，以便教师及时发现、及时引导，使学生退步的方面及时得到关注、帮助，进步的方面及时得到肯定，保证学生对学习的积极性。

（四）考核方式的多样化

为了让学生注重学习的过程，使考核方式多样化，高职院校应针对考核评价方式做一些改革对策。对于期中考试，可让学生在生活、实践或专业中发现数学问题，以自主结组的形式，通过多渠道收集调研资料，各抒己见，经历探索过程。对于院校来讲，数学实验的考察方式有一定难度，在期末考试集中、时间紧迫、计算机数量不充裕的情况下，大量学生扎堆考试，所以数学实验的考核可以在学期的中后期进行，与期末考试错开时间。另外，教师在学期中可以采取大作业的形式，布置一些题目供学生自由发挥，如专业中微积分的应用、求最值的实例分析、案例的数学建模探索等。学生在网络、图书馆中搜索相关数据与信息，融入自己的观点，形成一篇小型论文。这样的形式可以让学生充分发挥自主性，为以后步入工作岗位打下坚实的基础。

（五）师资队伍的内涵化

高职院校的数学课程与其他院校有一定的区别，是公共基础课。一位数学教师可能担任不同专业的数学课，教师又是知识的传递者，要给学生一杯水，自己先要拥有一桶水，还要使授课达到"教师乐教，学生乐学"的状态。教师在教学过程中，要充分体现数学的基础性以及数学为专业课程服务的特性，要将专业课程与数学课程紧密结合，尤其在具体的案例教学上。

1. 外派学习

教师应从自己的院校走出去，参加培训或学习，开阔视野，了解数学新动态，与其他区域数学教师、带头人交流学习，借此机会解决在教学实践中遇到的难题、产生的困惑，汲取新鲜的营养成分，激发快乐进取的源泉，保持发展心态。高职院校可以观摩其他区域高职院校建设，共同研究专题，以国家化、国际化的眼光教书育人，提升数学教师的地位，从而带动学生与他人发展。

2. 现代化教学的培训

互联网时代，网络遍布校园各个角落，现代化教育技术已经步入数学教学中，一味地传统式教学难以引发学生的学习兴趣。教师应借助前沿信息与技术，把数学知识与科技密切相连，并用信息化手段展示出来，使抽象的思维形象化、具体化、生动化地展现在学生面前。同时，运用数学软件、简化教学过程也是数学教师的必备技能。

3. 分派至专业教研室

数学教师可以建立相关专业群，了解专业的发展和实践需求，将数学课程与专业课程有机结合。数学教师应定期开设与专业教师交流的座谈会，进行有效沟通，甚至融入专业群的教研活动、实践活动。数学教师可以进入本专业的教学课堂，通过听课发现需求及发展动态，改善数学教学，获取高年级学生数学知识的薄弱环节，知晓哪些地方该详细讲解、重点讲解，哪些地方该略讲。数学教师备课不应只备数学，还应熟悉专业知识脉络，提前扫清学生可能遇到的障碍，这样专业课程和数学基础课程才能很好地融合到一起，使得理论和实践有机结合，相得益彰。

另外，数学基础教学的教师被分配到专业领域，令专业课教师与数学教师的沟通和交流加深，也使得专业课教师对数学基础教育的理解加深，从思想根源上不再抵触基础数学，能将专业课中的知识点与基础数学逐渐融合。高职院校可以每周设立讨论学习课，让专业课教师与数学教师在一起沟通交流，各抒己见，扬长避短，将教学中的亮点和不足分享出来，共同解决，达到互补的效果，共同促进各学科的建设和发展。

4. 加强科研能力

高职院校应督促教师在一定的时间内发表论文，通过这种方式，可以极大程度地提高数学教师的学习意识。数学教师通过发表论文的方式进行学习，从而可以促进自身对某一数学问题的理解，也有利于数学教师在教学过程中引用经典著作，从而激发学生的学习兴趣，使学生对教师产生一种"佩服"感，有利于拉近学生与教师之间的距离，为教师授课创造条件，使教师从课堂中走出来。

5. 建立沟通平台

高职数学教师应认识到教学目标包括认知目标和情感目标。教师应增进与学生的情感沟通，当学生在学习上遇到困惑、生活上有困难时，应及时给予了解、关怀、帮助，了解学生的学习、成长历史，掌握个案。教师应多与学生聊天、沟通，通过微信、QQ 在线平台及时掌握学生动态，做好学生的心理建设，情感沟通，答惑解疑。

第三节　互联网时代高职数学教学改革的意义

一、促进教学模式的转变

市场调研表明企业在招聘人才时，学历并不是最关键的因素，企业更看中的是能力。针对企业调查后发现，那些不需要进行培训就能够直接上岗工作的员工非常受用人单位的欢迎。相比本科毕业生，高职院校的毕业生在学历上没有任何的优势，但高职学生的优势体现在职业能力方面。因此，职业教育需要从方向上改变以往的教学模式，注重职业能力的培养和专业知识的实践教育。改变传统的教育模式，建立一种全新的使专业知识迅速有效地转变成职业能力的教育教学模式。

目前，我国的高等职业教育已经进入内涵建设的阶段，一批信息化教学技术与手段，如微课、慕课、雨课堂等陆续出现在高职课堂中，使得高职院校教师的教学理念得以更新，同时更加促进了职业教育的改革与长足发展。其中，混合式教学为课堂教学提供了一种新方式，知识传授通过信息技术的辅助在课前完成，知识内化则是在课堂中通过教师的指导以及与同学间的协作完成，弥补了传统课堂的不足，学生成为知识的主动构建者，教师通过在线诊断提供有针对性的辅导，师生互动性和参与性加强。而互联网时代混合式教学的实施，通过在线学习的建设，建立学习共同体，让教师和学生在学习过程中相互帮助、相互监督、共同提高。

二、增强学生对数学的学习兴趣

将数学教学融入学生的日常生活，能够提升学生学习数学的实用性。数学来源于实践，也应用于实践。例如，在讲定积分前，教师要求学生计算本校体育馆的面积（曲边梯形面积）。将学生分成四个小组，要求学生可以在互联网上查资料，时间三天，每组安排一个学生回答，学生的回答会超出教师的意料，并且得出计算曲边梯形面积的一般方法：分割、取近似、求和、取极限。通过应用实践，学生的思维得到了锻炼，大大提高了自己的学习兴趣，同时提高了在互联网上收集资料的能力。除此以外，教师可以引导学生观察日常生活中的案例，从中收集数学信息，并及时加以记录、分析，应用数学知识解决案例问题。例如，菜市场买菜，外出旅游、住宿，商场购物、打折，手机套餐等；又如，帮父母计算一下应缴纳的个人所得税，引导学生在互联网上搜索个人所得税公式，利用分段函数计算出应缴纳的个人所得税。让高职学生感受到能够用所学的知识解决实际问题的快乐感受，提高高职学生学习数学的兴趣。

教师可以将传统教学与微课和翻转课堂有机结合，让课堂教学更加生动有趣。传统教学在课前预习、课堂讨论、课后练习等环节存在明显的不足。高职数学知识难度大、抽象性较强，若课前学生缺乏预习，课堂上学生就很难与教师进行知识点的交流、讨论，而只能跟随教师的教学思路听课，被动地学习。这种教学方式难以提高高职学生学习数学的兴趣，影响学习效果。由于课堂学习效果不好，部分学生没有理解新知识，课后练习大多采用参考甚至抄袭的方式完成，久而久之，学生将逐渐失去学习的动力。高职数学教学可充分利用网络教学资源，采用将传统教学与微课和翻转课堂融合的教学模式，就能很好地解决以上问题。对数学思维要求很高的章节，适合用传统的教学方式进行讲解，如讲解用凑微分法求积分时，要突出思维过程，教师引导学生总结出"常见凑微分的八大技巧"，提升学生的数学思维。对课堂容量大且难度不大的章节，可以结合微课进行辅助教学，如对财经专业讲函数时，教师可把经济学中常见的函数做成微课，让学生课前预习，这样能够大大提高教学效率。学生对没有听懂的知识，运用翻转课堂教学模式，可反复学习，直到听懂为止，学生不再为听不懂而苦恼。这种教学模式真正以学生为中心，使学生成为学习的主体，不受时间和空间的限制，学生均可根据自己的需要掌握学习进度，大大提高了自身的学习积极性和主动性。

三、丰富数学教学内容

在互联网时代，将信息技术融入数学教育中，可以使知识得到直观呈现，将理论与实践有机结合，转变传统教学中存在的劣势。学生在学习数学知识时，需要有严谨的思维，能够做到举一反三，要在充分理解知识的基础上做到灵活运用知识解决疑难问题。通过信息化教学，教师可以展现出丰富多彩的教学内容，开阔学生视野，使其能够对学习充满浓厚的兴趣。例如，学习几何时，其中的理论知识大多复杂难懂，教师借助信息化教学手段可将几何图形直观展现，提高学生对知识的理解程度。

四、提高课堂教学效率

互联网时代倡导实施信息化教学，可以有效提高课堂效率。教师借助信息技术开展教学，能够将许多晦涩难懂的知识呈现在学生面前，使学生迅速将其理解和消化。在传统教学中，教师通常采取板书的方式展现知识点，结合信息技术后减少了花费在板书上的时间，省心省力，还能够全面展现教学内容。学生通过观看视频、图片等精彩的多媒体内容，就可以产生主动探索知识的欲望，利用所学知识解决问题，进一步提高学习效率。

五、促使高职数学从学术形态转变为教育形态

数学的学术形态通常表现为冰冷的美丽，而数学知识的教育形态正是一种火热的思考。学生掌握数学知识必须经过朴素而火热的思考。把学术形态的数学转变为教育形态的数学是数学教学的重要研究内容，而数学知识的情境化与直观化正是数学知识由学术形态向教育形态转变的主要途径，运用情境教学法、演示法、实验法实现数学知识的情境化和直观化，是信息化教学所擅长的，应用这些教学方法能够帮助学生发现知识，使学生经历朴素而火热的思考的过程。

例如，在"数项级数"一节的教学中，大部分教材内容都是枯燥的数学语言和符号，而事实上，有一些与数项级数的敛散性有关的趣事，如神与龟赛跑的"阿喀琉斯悖论"，这个故事非常有趣，用于教学也十分恰当。教师教学中可以借助信息化教学手段，利用 PPT、Prezi 等软件将这一情境做成动画形式的课件，再利用几何画板或 GeoGebra 等软件将情境中的数学关系通过图形表现出来，学生在生动的情境中探究发现、理解知识。这样的教学设计巧妙地化解了数学语言和符号的抽象性这一难点，使学生在故事中不仅理解了数项级数的概念和敛散性的定义，还领会了极限这一重要数学工具的作用，印象更加深刻，记忆也更为持久。

又如，在教授"定积分的概念"时，受板书的限制，学生对分割的细度、近似求和的理解存在较大难度，因为这一过程是动态变化的。此时，教师可以

借助几何画板、Mathematica 等数学软件，把概念的形成过程做成可交互的数学实验，在演示的基础上，让学生通过动手操作进行观察，再通过分析、讨论和叙述进行概念提炼，最后教师指导完善，给予评价。抽象的数学概念借助图形的描绘变得容易理解，大大降低了学生学习的难度。在此过程中，学生动手操作、动脑思考、展开讨论，教师进行启发和引导，"学生主体、教师主导""做中教、做中学"的职教理念得以真正体现。

六、促进教师角色的转变

教学活动是学生主体地位和教师主导作用的和谐统一，实行启发式教学有助于落实学生的主体地位和发挥教师的主导作用。教师富有启发性的讲授，创设情境、设计问题，引导学生自主探索、合作交流，组织学生操作实验、观察现象、提出猜想、推理论证等，都能有效地启发学生的思考，使学生成为学习的主体，并逐步学会学习。而在传统教学中，这些要求较难落到实处，从而使教师的角色更偏向于"施教者"。信息化教学使教师转变为课堂教学的"设计师"，他们不但要在创设教学情景、激发学习动机等方面下功夫，还要注重培养学生的学习兴趣和学习习惯，并着力提高学生的学习能力。信息化教学对教师的教学方法和基本素质提出了更高的要求。首先，教师必须掌握一定的信息技术知识，即计算机技术、多媒体技术和网络技术，只有掌握信息技术这一教学工具和手段，才能在教学中熟练地加以运用；其次，在进行信息化教学设计的过程中，会遇到很多需要自己制作的部分，小到课件的制作、视频的剪辑，大到软件的开发。

如利用 Flash、编程、计算机图形等工具和知识，制作一个多面体三维演示教学软件，这个软件将助教和助学结合在一起，并解决了背向虚线等问题。这时，就对教师提出了更高的要求，教师必须具备相关软件的开发以及编程等能力。以"正弦型函数的图像与应用"教学设计为例，整个设计以"以生为本、自主学习、协作学习"为出发点，采用多种信息化手段辅助教学。教师利用录屏软件进行微课的制作以及所需视频的剪辑，并用 GeoGebra 软件制作所需课件，这些信息化手段为整个教学设计提供了必要的素材。课前准备环节利用教学平台，让学生完成预习测试，并对测试结果进行回收和统计；深入探究环节利用电子教室的学生演示功能，可以使教师关注到每组学生的实时操作情况；在线测试环节利用电子教室的在线自测功能，完成作业发放及测试结果的回收、统计。这些信息化手段的应用，可以让教师及时掌握学生的学习情况，从而使教师的指导和讲解更具有针对性和及时性。

第五章　"互联网 +"环境下高职数学教学改革路径

受到互联网高速发展的影响，教育教学的模式也需要进行优化创新，这样才能满足教育行业的发展要求。高职院校在进行数学教学工作时，应当根据高职数学的特性并结合互联网技术进行创新。在此期间需要高职院校的相关教师明确利用互联网进行教学，并研究高职院校数学教学在互联网影响下的创新方法，从而推动高职院校数学学科教学质量的进一步提升。本章主要探索新时期"互联网 +"环境高职数学教学改革下的可行性路径。

第一节　运用 MATLAB 软件改革高职数学教学

学生使用 MATLAB 软件比较方便，手机版 App 的出现使学生可以随时随地应用该软件。学生的抽象思维能力较弱，他们更希望能够将抽象的知识可视化。MATLAB 软件具有强大的绘图功能，可以使抽象的理论知识变得直观，使学生能够高效地内化知识。有部分学生初高中数学基础不牢固，在计算时频频遇到困难，打击了他们的自信心。MATLAB 软件具有强大的计算功能，可以方便地求函数的极限、导数、积分等问题，提高学生的计算效率。结合 MATLAB 软件强大的数据处理功能，学生可通过数学模型来解决实际问题，培养实际应用能力。

一、用 MATLAB 实现高职数学教学可视化

数学教学的可视化就是借助一些必要的数学软件或方法，将那些错综复杂的数学概念或结果用数字、图像的形式表现出来。可视化是教学的组成部分，它的应用就是为了辅助理解，尤其对于高职院校数学教学而言，直观、简单更是重要。

以极限知识为例。极限是进入高职数学课堂学习的第一个重要概念，也是后续学习的基础，掌握极限的概念至关重要。为了便于学生充分理解极限的思

想，在引入极限概念时，教师可以选择《九章算术》中刘徽的"割圆术"，利用 MATLAB 来动态演示这一逼近过程。

内容介绍：确定圆面积就是一个求极限的过程，用圆内接正多边形的面积来逼近圆面积。正多边形的边数越多，正多边形的面积就越接近于圆的面积。

主要程序：t=0：2*pi/6：2*pi；y=sin（t）；x=cos（t）；

tt=0：0.01*pi：2*pi；yy=sin（tt）；xx=cos（tt）；

subplot（2，2，1），plot（x，y，'r'，xx，yy）

从这个过程中可以非常直观地看到，当边数无限增加时，正多边形的面积就无限接近于圆的面积。

可视化是 MATLAB 的一个优势，在使用该软件进行教学时，同样需要掌握相关的函数使用，如使用 cylinder（）函数就可绘制相关的旋转圆柱体的体积，其操作上的难度并不比以上的公式求值难。所以，在高职数学教学时，教师只需花费较少的时间掌握函数的使用即可快速完成教学。由此看来，MATLAB 软件的确具有很大的教学使用价值。

二、MATLAB 软件融入高职数学课程原理模块

（一）重难点内容

函数与极限：基本初等函数及其图形、复合函数的概念、数列和函数极限的概念、无穷小及其性质、无穷小的比较、极限的四则运算法则、两个重要极限公式。

导数与微分：导数的概念和几何意义，函数和、差、积、商的求导法则，基本初等函数导数公式的推导，复合函数的求导法则，微分的概念。

不定积分与定积分：不定积分的定义和基本公式、换元积分法、分部积分公式、定积分的概念与几何意义、定积分的性质、牛顿–莱布尼茨公式、定积分的换元公式与分部积分公式。

（二）设计原理

利用 MATLAB 强大的绘图功能变抽象为直观。

（三）程序要求

教师提供基本的 MATLAB 程序方案，学生理解方案意图，能够灵活利用程序亲自动手操作探究。

（四）教学方法

教学方法主要采用任务驱动法、直观教学法和小组讨论法。在任务驱动过程中，教师设计知识点的任务单和分析单，使学生在一步步完成任务的过程中理解知识。

（五）设计意图

软件画图、直观感受：学生感觉图像绘制困难，无法形成图形的直观想象。通过 MATLAB 绘图功能画出相应的函数图像，学生能够对该知识点形成一个直观的印象，便于理解。

合作探究、发现原理：利用任务单进行任务驱动，学生小组合作探究，亲自动手操作，在操作与讨论过程中发现特征、得到结论。通过任务驱动可以更好地引导学生一步步进行探究，同时也可以激发学生学习的积极性；通过小组讨论，可提升学生的团队协作意识。

角色扮演、加深理解：通过成果展示、学生讲解，让学生对探究过程进行梳理、总结，加深对该知识点的理解记忆。

（六）重难点解决方案

以难点"无穷小的比较"为例。

①画一画：引导学生利用 MATLAB 做出 $\dfrac{x^2}{3x}$，$\dfrac{3x}{x^2}$，$\dfrac{\sin x}{x}$ 的图像，观察相应的极限值。

程序 1：x=-18: 0.01: 18; y=x^2/（3*x）; plot（x, y, 'r-', 'linewidth', 2）

②算一算：利用 MATLAB 计算出 x 取 0.1, 0.01, 0.001, 0.0001, 0.00001 时，x^2, $3x$, $\sin x$ 相应的函数值，从而观察各函数趋于 0 的速度。

程序 2：format long x= [0.1 0.01 0.001 0.0001 0.00001]

y1=x^2 y2=3*x y3=sin（x）

③讲一讲：小组代表讲解探究过程及结论。

④学一学：讨论总结出"无穷小的比较"的定义。

三、利用 MATLAB 软件的教学案例

（一）求函数的导数

求函数导数是高职数学中的重要内容，在传统教学中，需要逐步计算演练。在已经掌握了计算方法的基础上，数据计算耗时成为课堂不必要的耗时来

源之一。在使用 MATLAB 软件后，直接调用该软件中的命令函数 Y=diff（X）、Y=diff（X，n）、Y=diff（X，n，dim）可快速实现求导操作。在高职数学教学中，教师要着重介绍以上三种命令函数在面对不同的求导操作中的命令输入方法，这可以快速提升学生使用 MATLAB 工具的能力。

如求函数 $y=\tan x$ 的导数，只需使用 MATLAB 软件在命令窗口进行如下输入：

>>syms x

>>diff（tan（x））

ans=1+tan（x）2

（二）求解微分方程

求解微分方程调用的命令函数主要是 S=dsolve（eqn）和 S=dsolve（eqn，cond）；如求解 $y''（1+e^x）+y' =0$，人工计算该题目具有一定的难度，在使用 MATLAB 软件时，只需在命令窗口进行如下输入：

>>symsx

>>y=dsolve（'D2y*（1+exp（x）)+Dy=0'，'x'）

结果显示：y=C1+C2*（x−exp（−x）），这样在短时间内通过使用 MATLAB 工具将传统高职数学课程从复杂的计算中解放出来，从而将课程内容向思想教学、理论教学和操作教学的方向转变，这不仅提升了课堂效率，也让学生在以后对接社会工作方面有了巨大的优势。

除此之外，MATLAB 软件在概率统计教学中也可用来求概率、随机变量及其分布，在这里就不一一举例了。总之，MATLAB 软件因其功能强大和编程简单的优点，在高职数学教学中的应用比较广泛，借助该软件既改善了过去学生只能在纸上计算推演的传统计算模式，也不需要学生有太多的数学基础；既能帮助学生理解和掌握数学理论，又能增强学生运用计算机软件解决实际问题的能力；在提高学生学习兴趣的同时，既提升了他们的数学素质，也大大提高了他们在数学课堂上的参与度。

第二节　运用超星学习通改革高职数学教学

超星学习通是面向智能手机、平板电脑等移动终端的移动学习专业平台。用户可以在超星学习通上自助完成图书馆藏书借阅查询、电子资源搜索下载、图书馆资讯浏览，还可以学习学校课程，进行小组讨论，查看本校通讯录，同时拥有电子图书、报纸文章以及中外文献元数据，享受方便快捷的移动学习服务。随着科技信息的快速发展，高职院校数学教学也要适应科技信息的发展而进行调整。高职教学的目的是为专业技术人才提供辅助性数学理论教育。为达到教学目的，适应社会发展需要，高职数学教学模式也需要做出相应的改变。现阶段，在信息技术广泛开发和运用的基础上，高职数学可以采用信息化教学，摆脱传统数学知识笼统、枯燥和模糊的局限性，使学生可以主观主动地接受知识。在强化硬件和软件应用的基础上，高职数学课堂的信息化教学应遵循一定的科学发展原则，在相关原则的基础上实行线上线下相结合的教学策略。基于此，下面结合超星学习通这一软件进行信息化教学应用探索。

一、利用超星学习通开展项目化教学

超星学习通能较好地辅助主讲教师开展课堂内外的高职数学项目化教学活动。

所谓数学项目化教学，其核心思想是以项目为载体、以数学为工具，以学生能力培养为主线，不过多关注学生传统理论知识的获得和纯数学技巧的培养，强调数学应用。课程以内容改革为突破口，从根本上打破了高职数学的传统理论体系，是对高职数学教学改革的一次大胆尝试。课程内容不再以传统的数学逻辑知识体系（定义、定理、证明、例题）来构建，而将以项目形式进行组织，以项目为单元设置，将数学知识点融入项目中。这些数学知识点没有严格的理论体系，而是作为一种"工具"在项目中出现，即在项目需要时提出、讲解、应用。

课前，教师通过课程章节模块在超星学习通平台开放下一次课的内容。学生通过平台，先了解项目下一阶段的内容，并完成教师布置的课前任务，如资料的收集、项目任务的分解、课件预习、视频观看等。项目化教学开展的是小组团队学习。超星学习通平台可组建小组，同组学生可在不同地点展开问题讨论。教师可对小组进行评分。学生课前平台的预习，大大提高了教师课堂的教学效率。

课中，教师通过超星学习通平台发布进门测试题，检验学生的预习成果。这个测试大约用时 5 分钟。考虑到数学学科的特殊性，教师把题目设计成选择题，系统可以马上批改出成绩。教师根据对学生的测试成绩和答题情况的分析，可以进行及时的讲评和指导。超星学习通平台提供了丰富的互动项目，有投票、选人、抢答、主题讨论、测验、问卷、评分、直播等。如教师可在课程中随时提出问题供学生抢答，并设置积分奖励，以活跃课堂气氛；也可通过投票问卷方式，对学生回答进行统计和分析。项目化教学中教师经常会设置一些汇报环节。通过平台，教师可以让全体学生参与到汇报的评分环节中，以更好地体现公平公正。如"蛋糕模具的秘密"项目的最后环节为：每个小组自行设计蛋糕模具并计算相应体积，每个小组都会派代表进行介绍分享，教师设计好评分细则，每名学生在每位汇报人汇报结束后马上进行打分。汇报活动完成后根据各组的成绩可以颁发"最佳汇报奖""最佳设计奖"等特别奖项。这些活动的开展大大激发了学生的学习积极性。超星学习通提高了"直播"功能，这为数学课程的实时答疑，提供了很大的便利。学生在学习数学知识时经常会遇到一些困难，需要教师进行及时解答，对此教师可以根据学生的反馈情况，在平台中开启"直播"，为全体学生详细解答疑难问题，从而摆脱空间束缚，大大激发学生的兴趣。

对于数学项目化教学，教学评价强调过程性评价，这需要教师详细记录学生在每个教学活动中的表现情况。手动记录非常琐碎，有超星学习通平台后，教师打分更方便，统计更快捷，学生直接可以在系统中看到自己的表现情况。教师结合各类作业成绩、测验成绩，在平台可以对学生成绩进行综合评价。

二、借助超星学习通开展混合式教学

（一）课前教学活动准备

混合式教学中，需先组建师资队伍，在超星学习通平台上传课程的整体教学设计、单元教学设计、教学视频、教案、课件 PPT、微课视频、阅读资料库、习题库、课后答案、参考资料库、案例库，为混合式教学奠定资源基础。

课前在超星客户端上传本次课教学视频，布置本周翻转课堂的内容，根据每节课的内容特点，相关问题可以是本节课的重难点问题，也可以是主题讨论。例如，"导数开篇"这节课，让学生列举中学学过哪些导数公式，公式可以解决哪些问题，导数应用在哪些领域；"洛必达法则"这节课，观看视频后学生以小组形式讨论求极限有多少种方法；"函数最值问题"这节课，让学生搜索生活中的最优化问题，找到解决的方法；讲解不定积分第二换元法的三角代换时，让学生归纳三角函数 $\sin x$、$\cos x$、$\tan x$ 在各个象限的符号和三角函数的诱导公式。由于部分高职学生的基础较差，翻转的内容不宜太难，主要是起预习的作用。

（二）课中教学活动组织

超星学习通将手机为教学所用，化堵为疏，解决了混合式教学模式下的教学难题。超星学习通的投屏签到功能,节省了传统点名的时间,使学生不能做假,明显提高了出勤率。用超星学习通上课,教师在一节课中会通过手机发起多轮主题讨论、分组任务,播放视频,发布测验题,使手机成为学习的工具。

利用超星学习通的留言功能,实现了师生间零距离的沟通。主题讨论区布置作业是对课上内容的拓展。经过一段时间的实践发现,本以为较难的问题得到了解决,提交作业的学生较多,而且完成得较好,与传统教学相比,提高了学生的学习兴趣。

利用超星学习通的测验功能,教师可以在课堂上即兴编写一道题让学生回答。学习通的分组任务、主题讨论、评分、计时器等功能使师生互动增多。通过查看和导出测试统计结果,教师能够随时了解学生情况,及时对教学效果进行评价。

(三)课后教学活动升华

在课下,因为超星学习通软件针对课上讲解的内容进行了全程的记录,并且进行了备份,所以教师可以在针对所讲授内容进行复查的过程中,发现自身在讲解过程中所存在的问题以及学生在学习过程中所存在的缺陷。对于学生来讲,则可以在其没有进行及时听课的情况下,对教师所讲内容进行及时补课。而且通过超星学习通平台还能够摆脱传统的、以最终考试成绩为学生评判标准的陋习,增加在学生学习过程中的考核,使学生能够获得更加公平公正以及更加直观的评价,对于学生学习兴趣的提高和学习自信心的提高具有非常重要的意义。

混合式教学课后作业既可以在超星学习通平台上发布,也可以在手机端发布,方便快捷。观看微课视频不仅是翻转课堂的任务,也是课后作业的一部分。教师可以结合每节课的重点和难点,将一节课的内容制作为 3 ~ 4 个微课,每个微课的时间控制在 5 ~ 10 分钟之间。例如,"导数概念"这节课,就将变化率问题、导数的概念及公式、导数的几何意义、极限连续可导之间的关系制作成四个微课。微课视频学习能够帮助学生查缺补漏和进行课后反思。教师可以在客户端获得微课视频观看的数量及时间数据,作为考核学生成绩的一部分。

最后推送智慧职教的慕课,作为学生课后复习的资源,鼓励学生自我学习、积极探索,选择适合自己的学习任务,认真完成平台上的作业。慕课的使用,可以让学习困难的学生重温教师讲课的内容,拓展学生的视野以及学习空间。超星学习通通过与名校共享和共建,势必会促进学校教学质量的提高,带动高职院校数学混合式教学取得更好效果。

总之，在"互联网+"时代发展的背景下，在逐步走向高度发展的信息化时代背景下，高职院校数学课信息化教学已是大势所趋，与此同时，以超星学习通为代表的软件，也为教师提供了课堂信息化的基础条件。现阶段，如何将超星学习通与高职数学教学融合，改变枯燥的课堂，把学生的课堂注意力集中到知识上，让数学的教学不再单一枯燥，是高职数学教育者持续探索的问题。

第三节　通过数学建模培养学生综合素养

一、"互联网+"时代对数学建模的意义

"互联网+"时代，高职数学教育已经摆脱了以基础理论知识为核心的传统教学理念的束缚，数学的工具属性得到了强化，利用互联网进行数学建模能够提高建模效率与质量，因此，"互联网+"时代高职数学中数学建模的融入能够便于学生对抽象化数学知识的理解，并能通过数学建模进行基础理论知识的实践，实现学生数学综合素养的提升。

首先，高职院校应充分发挥互联网的资源优势，为高职数学教育中数学建模的融入提供丰富的内容。在传统数学建模过程中，相关建模案例多来自教材，尽管高职数学教学大纲中对数学建模的难度、范围等进行了明确，但是建模案例的单一化不仅打击了学生的学习积极性，同时也影响了对学生创新应用能力的培养。而互联网的开放性使其拥有不同类型的教学资源，教师可以就教学大纲中的要求选择不同类型的数学建模案例，并强调数学建模案例与生活实践的关联性，激发学生参与数学建模的兴趣。

其次，高职院校应完善高职数学教学质量评价体系，构建数学建模网络交流平台。高职数学教育中数学建模的融入并非教学大纲的强制性要求，在教学实践过程中并未将其纳入教学质量考核评价体系之中，以至于教师与学生对数学建模的积极性与主动性相对较低，同时，受以教师为主导的传统数学课堂教学模式的影响，学生的课堂主体地位得不到有效体现，师生之间缺乏必要的沟通交流。

基于以上两点问题，应在两方面加以改进。一是高职院校应当对现行数学教学评价体系进行完善，将数学建模能力纳入教学质量考核体系范畴，并制定层次化的数学建模能力考核机制，以适应不同专业、不同阶段的学生。二是数学建模具有数学知识的基本特征，其多元化的建模理念是学生在理解模型方面存在的差异，对此，教师与学生可以互联网的实时性与开放性，在网络教学平

台就每一个不同的数学模型随时进行讨论，理解该数学模型的建模思路，并将其建模思路与其他数学模型加以对比，最终确定理论最优模型和实践最优模型。

二、通过翻转课堂融入数学建模

（一）课前准备

第一步，明确教学目标：运用 Excel 工具和一元线性回归知识点完成在数学建模数据分析过程中，对于成对成组数据的拟合。

第二步，优化教学内容：把教学内容整合为 Excel 基本操作和一元线性回归分析基础知识体系。

第三步，制订教学计划：包含自主学习、课堂内化及课后拓展三个环节。

第四步，教学资料收集、整理及视频制作：在准备视频的过程中，参考国内著名教育视频网站，如爱课网等，搜集国内教学名家的视频课、微课等。通过教学小组讨论，集体协作录制两个部分的视频课，视频课的时间控制在 15 分钟内，并在视频的结尾部分配备相关知识点的简单习题，作为学生视频学习后的自查和课堂讨论的内容。

（二）自主学习

学生根据自己的实际情况，结合 PPT 等材料反复观看教学视频，自主学习两个基础知识体系，并通过配套的习题检验自己的自学效果，记录自学过程中的疑难问题。同时充分利用现代通信交流办公软件，如 QQ 群、微信群以及其他办公学习的办公自动化群等进行交流互动，提高学习效率。

（三）课堂内化

课堂设计的第一部分是集中大家提出的问题并一起讨论、分析，教师选择典型的问题进行重点解答，并将知识点的应用与所有学生深入探讨，使学生不仅解开知识点的疑问，还能深入了解到具体的应用领域。课堂设计的第二部分是数学建模的具体应用问题，通过小组讨论、问题分析、模型概括等，尝试用新学习的知识和以往的知识进行建模，并把解决问题的具体思路整理清楚，在各小组讨论后，将自己的建模思路及基本过程形成文字性的材料。以文献供应商的评价体系为例，供应商的评价方案很多，所有学生可根据自己的专业和基本社会诉求制订新的方案，最后由教师集中所有方案，供学生在课堂及课后讨论并对方案进行优化。教师在互动式的课堂中，充当的不仅是老师，也是学生的学习伙伴，通过解答学生的问题，倾听他们的疑问及建模的具体思路，并和他们一起讨论所建模型如何优化，在模型的具体定案上给予指导。在这种和谐互动式的学习环境下，学生学习的激情被充分地激发，能够把数学知识运用到专业或者生活领域的各个方面，在学习的过程中找到了乐趣，进而拉动其他学科的学习。

在课后，教师收集好小组的建模小论文，进行初步的评估和成绩评定，并将每次的评估意见反馈给各小组，以便于学生消化和提高。教师也可以根据学生的建模小论文适时调整自己下一堂课的教学计划并进行教学内容的适当增减。

（四）课后拓展

在课堂内化的过程中，学生基本可以掌握如何利用软件进行数据分析和建立一元线性回归模型，师生之间有了充分的互动，也拉近了彼此之间的距离，增进了对彼此的了解。在课后通过之前建立的线上互动平台进行专业的深度学习，也可以就生活学习中的其他各种小问题和教师交流，如供应商的评价体系中，权重在不同的评价环境中有不同的意义，权重的分配直接决定了最终的结果，这些都可以就实际情况和教师进行深入探讨。教师可以通过线上自主学习、课堂内化和课后拓展，针对每一个知识点或者每一堂课对学生有一个总体的评价，并将评价结果记录在期末考核上，体现到学生的成绩单中，让学生看到他们认真学习的成果。

三、通过微课导学融入数学建模

随着微时代的到来，人们的学习方式发生了巨大的改变，在线学习、移动教育的新形式得到了快速发展，这些都在推动着教育资源的转变，促进着微课的诞生。微课教学成为新时期主要发展的一种创新教学形式，微课导学就是其中的一项主要教学模式。

高职数学建模课程本身就是一门实践性较强的课程，在这门课程的微课导学教学模式构建中，应该先有效融合翻转课堂教学模式等的优点，再对数学建模课程进行限定，突出实践教学为主，进而构建一种创新的课程教学模式，即微课导学教学模式。在这种教学模式下，数学建模教学需要在课程的课前预习、课中学习以及课后复习环节，引入微课教学资源和"研学案"来促进高职学生实施自主学习和合作学习，满足学生数学建模课程学习的个性化需求，引导学生自主探究、动手实践，在合作交流中解决问题，掌握新知识和新技能，完成较为理想的课程教学目标。

在课程教学过程中，教师通过给学生布置相关的数学建模课程学习任务，为学生创设有效的学习情境，可以引导学生自主探究学习，合理进行小组划分，帮助学生开展小组合作学习。针对在自主探究和小组合作学习中遇到个别困难的学生，教师可以针对他们的问题和困难进行逐个解决，对于学生普遍反映的问题，教师要进行总结，并有重点地进行集中解决。在微课导学的数学建模教学过程中，教师充当了及时的问题解决者，帮助学生的自主探究学习打通关节，并对学生的整体学习效果进行及时的总结与评价。学生是课程学习的绝对主导者，学生需要根据教师布置的任务进行自主探究学习，也可以在适当时机进行小组合作学习探讨，借助微课教学资源对自己学习中遇到的重难点进行解答，寻找问题解决方法和思路，将课程知识内化处理，提升自主学习能力和学习兴趣。在具体的数学建模实践探究学习中，学生应把握好建模的步骤和关键环节，在反复的建模训练中掌握建模方法和技巧，形成对于课程的整体把握，达到课程教学的预定目标。高职数学建模是一门动手实践性较强的课程，在课程教学中，教师很难实现对学生一对一的指导，学生可以根据微课资源的自主学习完成学习任务，教师教学不会太累，学生学习也不会过于被动，还能锻炼学生多方面的能力和素养。

四、通过 TPACK 框架融入数学建模

TPACK 框架是从美国学者舒尔曼（Shulman）的 PCK 概念演变而来的。PCK 概念最初只有两个基本要素——教学法知识（Pedagogical Knowledge，PK）和学科内容知识（Content Knowledge，CK）。随着教育技术的发展，密歇根州立大学的米什拉（Mishra）和科勒（Koehler）将信息技术知识（Technology Knowledge，TK）加入其中，由此形成了 TPACK 框架。它要求教师教学时将三个要素进行深度融合，并进一步创新教学模式。

随着"互联网+教育"的快速发展，已有的教学模式有待进一步改进，以便适应新的形势。利用信息技术弥补数学建模教学中现存的不足，是提升教学质量的必经之路。基于此，从整合技术的学科教学知识（Technological Pedagogical and Content Knowledge，TPACK）框架出发，在高职数学建模课程教学中，对整合技术的教学内容、教学方法进行设计及应用，以期为建模课程和活动的持续发展提供新的生长点。

信息技术的发展让数学建模得到了更广泛的应用空间。无论是从原始数据的获取到相关文献的搜集，还是从模型的数值求解到近似模拟，都需要信息技术的介入。从长远来看，相比教会高职学生一套脱离实际应用的特定的数学技

巧而言，帮助他们建立起对某类模型的适用性和有效性的认识，并培养出一系列的通用技能，对他们的未来发展将产生更深远的影响。

在高职数学建模课程中建立网络学习平台，不仅可以发布相关知识点的微课视频，还能够提供一个合作交流的空间。学生可以在网上组队探究问题，搜索必要的数据和文献，还可以进行交流答疑。网络学习平台的使用弥补了数学建模课程实践课中的缺陷，让学生参与到建模的完整过程中来。学生在课前就可以开展讨论，厘清案例所要解决的问题，同时尝试筛选出所需资料；在课后还可以提交模型求解报告，利用平台开展互评，加强协作。如探究鞋长和身高的关系时，学生除了在网络店铺中查找商品介绍外，还可以动手测量自身的数据并提交到平台，合力完成原始数据的获取工作，为之后拟合模型的求解奠定基础。

同时由于学生的预习行为在网络学习平台上发生，学习行为都被完整地记录下来了，教师在上课前可以得到由平台提供的学生学习行为和学习结果的统计。在进入课堂之前，教师对于学生的自学情况就已经了解，因此可以有针对性地设计不同类型的问题，教学的精细化水平得到了显著的提高，能达到因材施教。

更重要的是，模型的求解越来越离不开数学软件的使用。尽管初等模型仍可以用手写推导的方式得到答案，但这种方式对更多的复杂模型却无能为力。利用学生对模型结论的求知欲，引导学生掌握常见的数学软件如 MATLAB、Lingo、SPSS 等，既可以淡化烦琐推导对学生自信心的影响，又能强化动手操作能力，为后续的建模环节扫清障碍。如曲线拟合中的最小二乘法，它的算法原理是通过计算最小化误差的平方和寻找合适的参数，并由此得到由拟合基函数通过复合或线性组合构成的拟合函数。其中拟合基函数的选择往往因题而异，而且涉及求多元函数的偏导数和解超定方程组的知识，已经超出了高职数学教学目标的要求。而利用 MATLAB 的曲线拟合（Curve Fitting）工具箱，只需要输入自变量和因变量的数据矩阵，就既可以灵活选择拟合基函数进行多次尝试，又可以输出统计参数直观判断拟合的优劣，适合高职学生操作实现。

五、通过"五动"模式融入数学建模

"五动"包括案例启动、理论驱动、实验带动、学生行动和信息化推动的五动教学模式。即从专业后继课程和社会的实际需要出发将课程内容设计成相对独立的若干个模块，每个模块按"案例（专业问题）→数学问题→数学概念→应用数学（专业案例求解）→数学实验"教学模式设置。这种教学模式即为数学建模的过程，以解决专业问题中不仅贴近生活，而且与学生的知识水平相适应的案例为出发点，在教师引导下，使学生主动探究，将专业问题转化成数学问题，带着问题学习数学知识，再应用使所学的知识解决专业问题，以此提高学生掌握应用数学知识解决实际问题的基本方法。

（一）案例启动

教师首先通过与专业课程教师交流，深入了解专业课程的情况，以"从专业中来，到专业中去"为理念找准数学课程与专业课程的切合点，选择合适的信息化教材。其次依据不同专业的人才培养方案，挖掘出应用数学的材料，结合每节课教学目标，通过筛选、加工选编通俗易懂的、与实际联系密切的问题，或者以相关的数学模型作为案例。例如，针对会计等专业的学生，可通过边际成本等相关实际案例来进行导数概念的讲解，在讲解闭区间上连续函数的性质时，可以选择"椅子的稳定性问题"；对于工科专业的学生，在定积分概念的讲解中，可以以具有世界领先水平的水利建筑长江三峡大坝"溢流坝横侧面面积计算"为案例。最后制定合适的课程标准、编写合适的教案，为上好课奠定坚实的基础。

（二）理论驱动

在课堂教学中，结合每一模块案例（专业问题）所涉及的数学知识，按照提出问题、分析问题、构建知识三个步骤实施。这一环节是整个教学模式的核心部分，也是学生学习的重点和难点。数学难关解决了，便会推动案例的求解。首先，让学生确定知识模块。例如，分析事物发展变化规律的重要工具为极限；求瞬时变化率为导数；求总量的数学模型为定积分等。其次，确定知识点后，淡化运算技巧、推导证明过程，强化知识的应用，特别是抽象概念，要一针见血地指出其本质，揭示数学朴素的本质，让学生领会数学的精髓，而不是简单的"删繁就简"。即使学生对具体的公式定理或者推导过程记忆不清，也能明确应用的范围和适用的类型。如果下次遇到这种问题，学生就能够很快找到使用的模块，导出模型，或者查找相关的资料进行解决，在问题的分析和解决过程中水到渠成地达到对知识点的掌握。整个过程使学生了解数学"从哪来"，即数学知识点如何产生；数学"到哪去"，即明确知识形成之后，可以用来解决哪一类问题。

（三）实验带动

教师通过发挥计算机的优势，把 MATLAB、Excel 等软件作为一种新的学习工具，对学生进行减压，同时教师将更多的精力放在培养学生把数学作为工具去解决问题的能力上。与此同时，在实验结束后，教师也要引导学生写总结报告，培养学生养成写案例报告的习惯。总结报告应包括假设、分析、求解和结果，以及改进的建议措施等。教师通过引导学生写总结报告，可以帮助学生梳理思路，让他们系统性地掌握利用数学建模思想求解的方法，避免学生的盲目操作。写总结报告能够培养学生的文字表达能力，督促学生及时总结和保存实验结果，便于后续的学习。

（四）学生行动

学生行动是案例求解、重难点掌握的后续完善和课外延伸，能够锻炼学生，提高学生的能力。教师在教学中可以将学生合理分组，解决案例的扩展问题，形成课件或者论文，使学生对问题有深入的、系统的认识。对于优秀的小组，教师要鼓励和指导学生申报校企合作项目或者大学生创新项目，真正提高学生的建模能力、调研能力和实际应用能力，用数学知识解决实际问题。

（五）信息化推动

在整个教学过程中，教师应充分利用"互联网＋"技术优势，结合慕课、微课的翻转课堂、云课堂等多种信息化教学来突破教学重难点，将枯燥无趣的教学内容转变为形象生动的数表和图像，增强学生的感性认识，增强教学的亲和力。各种信息化平台可以记录每名学生的学习细节，使教师实时了解每名学生的预习情况、案例求解的参与度、课后拓展的完成状况，以及内容的重难点，同时也能避免学生的偷懒行为，为每一名学生智能定制最佳学习路径和学习资源。信息化的应用也为课后学生的反馈、评价提供了便捷，极大地改进了传统的期末考试的一次性考核方式。

总之，高职数学建模课程一定要结合学生实际情况与课程特点，积极运用互联网思维重新设计教学策略。这样才能使高职数学课程发挥真正的作用，能够培养学生的数学逻辑思维和综合素养。

第四节　利用微信平台改革高职数学教学

微信已然成为当代年轻人的一种崭新的生活方式，特别是作为年轻人的主力军——大学生，他们更愿意使用微信来与外界进行沟通交流，愿意用它来获取实时资讯，愿意用它来随时分享自己的感受与看法。反过来，微信又影响着大学生的思维，影响着大学生对身边事物的行为和态度。如今当代学生已然生活在一个网络时代，生活方方面面都离不开网络，如果能将微信应用到高职数学的教学工作中，让它发挥出良好特性，那么高职数学教学势必将迎来一次重大改革。

微信公众平台是微信的其中一项重要服务功能。目前，许多高校、教育机构都建立有自己的微信公众平台，它为教学工作、教学管理等提供了非常大的便利，这是微信公众平台的一大特点。微信公众平台的服务功能为各类课程的教学也提供了大量的支持和帮助。

一、利用数字资源创设数学题情景

课前教师根据教学大纲的要求，搜集制作与教学内容相关的教学案例，创设数学问题情境，并提出让学生思考解答的问题，然后以微视频、音频、图片等形式作为教学资源发送至微信教学平台，让学生自主对教学资源进行学习。教师根据教学资源及课堂教学目标布置课前思考任务，让学生以小组的形式思考，启迪学生的数学思维。如在讲解"数列的极限"这一节内容时，选取了电视剧《一代大商孟洛川》第一集中"分遗产"的视频，并设计引导学生思考的四个问题：①按视频中父亲遗嘱的"分遗产"方法，一次能分完吗？②如果将17个元宝看成一个整体，那么第一次"分遗产"后剩余多少？③第二次"分遗产"后剩余多少？④一直进行下去遗产会分完吗？让学生在预习数列极限的基础上分析回答上述问题，启迪学生"无限逼近"的数学思维。

二、利用微信平台增加直观教学

学生空间想象能力弱的一个很重要的原因是，学生没有对几何图形、函数图形形成直观印象记忆，对函数图形和几何图形的图像没有理解掌握。课题组为提升学生的空间想象能力，提出根据高职数学学习内容，将学生在中学时学过的函数图形、几何图形及相关知识推送到微信教学平台供学生复习、学习。如有问题，学生可以自己上网搜查资料，可以通过微信平台询问教师、同学，师生共同讨论。这有助于提高学生的学习兴趣，也有助于教师了解学生掌握知识的程度，进而提供有针对性的指导。同时教师在讲授内容时尽可能地多用图形和具体的实物进行直观展示，增强学生的直观认知，丰富学生对客观实物的理解，从而提高学生的空间想象能力。

三、利用微信平台搭建课上与课下的沟通渠道

在微信平台的课程设计中，教师可以搭建一个有效的信息沟通平台。学生

在学习完微课内容后，可以在平台上进行互动和交流，将自己的问题表现在平台上。教师看到问题以后可以随时随地回答，有针对性地解决学生遇到的问题，并且在了解到学生学习中遇到困难点的时候，教师可以在微信平台上为学生有针对性地推送相应的课程和习题。基于学生的反馈，教师在课堂上进行有针对性的讲解，使得每一个学生都能了解到数学问题，实现课堂教学质量的提高。

例如，在设计微课的时候，教师应从教材出发，以提升高职学生专业技能的方式推动数学教学。在制作微课的时候，教师应突出数学知识与专业课程之间的联系，使得学生在微信平台上除了与数学教师沟通之外，还可以与专业教师联系，实现知识学习的融合与进步，突出数学学科在专业知识学习中的重要性。

微信平台的搭建在初期需要耗费教师大量的精力。教师不仅要整合各类资源，而且要对学生用户进行初步的统计和分类，这就需要教师有一颗恒心才能为之后高职数学教学中的便利提供条件。而更为关键的是在混合式学习过程中要具备互动性，不可使微信平台教学重新走传统课堂教学较为单调、互动性差的老路子。在微信平台教学中，教师也可以让学生在微信平台提问，消除部分学生出于羞涩而不能及时向教师提出自己在学习过程中所遇到困惑的问题。此外，在教学课堂中，教师可以随机进行随堂测验，并现场收集学生的易错选项，以便教师更加具有针对性地进行讲解。鉴于高职数学的复杂性和较快进度，学生也可以将课堂所教内容在微信上同步记录，方便进行复习和再次听讲。如此，通过不断完善教师和学生之间的互动，引起学生的学习积极性和主动性，引导学生自觉主动地参与到数学课堂之中，能够形成互动长效机制，最大限度地保证教学效果。

四、利用微信课程创建多元化的学习途径

在信息化社会，教师设计微课课程便捷了学生的学习途径。高职学生可以随时随地参与到知识的学习中，利用计算机、手机等方式进行移动学习，随时查阅自己不懂的地方，随时关注自己的问题，同时方便师生之间的互动和交流，让高职学生的数学学习形式变得多样化，使学生对数学学科的学习也变得更有信心。通过微课的设计，教师可以将数学教学的预习、教学以及复习等模块整合在一起，在预习阶段做好知识点的导入以及数学概念的简单阐述，在教学阶段对知识点进行深入剖析以及运用，强化学生对知识点的理解，进入复习阶段。微课的设计需对知识架构进行概括，简述经典案例，将预习、教学及复习有效地整合在一起，使得微课的教学效率大大提升。

五、通过"微助教"构建课前、课中沟通桥梁

在上课前，教师可以通过"微助教"，让学生完成签到，这样教师可以在最短的时间内了解学生的出勤情况，节省了上课时间。除此之外，教师还可以根据"微助教"了解学生完成课前作业的情况以及学生提到的一些疑难点，这样教师就可以在课堂上进行有针对性的教学，一定程度上为学生解决了很多疑难点，让学生对知识点有了充分的了解。在讲完一小节内容时，教师也可以适当地出一些题目让学生在微信上答题，以利于教师及时地了解学生的接受程度，帮助教师进行下一步的教学。课后，教师还可以通过"微助教"学生的参与频率来总结、分析学生的学习情况，实现师生双方的不断进步。

六、借助微信平台建立多角度动态考评机制

基于微信平台的灵活性，可以将其作为考核、评价学生数学成绩的新方式。在以往平时成绩加期末成绩的考核方式中，很多教师往往受限于学生数量较多，不能经常性地进行平时阶段的考核，使平时阶段的考核往往带有随机性。而在微信平台中，教师不仅可以通过签到来进行考核，也可以通过随堂测验的答题率和正确率，在一个学期期末时自动进行汇总，从而建立多角度动态考评机制。

目前，国内外高校越来越重视微信公众平台的建立，这势必会进一步推动高职数学教学的改革进程。在利用微信公众平台辅助高职数学教学的环境下，应及时给高职数学教师灌输新的教学理念，不断提高他们自身的职业素质和专业素养。作者坚信随着微信公众平台的进一步发展完善，它势将为学生提供一个更多元的学习环境，为教师提供一个更丰富的教学模式，为高职数学的教学工作带来更深远的影响。

第五节　通过碎片化学习提升学习质量

一、碎片化学习的概念

碎片化学习就是人们利用互联网技术，收集各类学习资源，并在平台上共享，学生可以自主选择学习资源进行学习。碎片化学习依赖于移动设备的支持，利用移动设备，学生可以随时随地进行学习，获取大量的信息资源。可以说，移动设备支持了碎片化学习的发展。学生可以利用碎片化时间进行学习，学习的地点不再局限于学校，而学习的方式也不仅仅是由教师授课。利用移动设备，

学生就可以进行碎片化学习，这样充分提高了学生的学习效率。由此可见，碎片化学习同传统的学习方式相比，更适应现代化教学的需求，更能满足教育事业的发展。

碎片化学习打破了传统课堂教学时间、教学地点及教学空间的限制，学生学习时拥有了更加自由、多样的选择，这样极大地满足了学生的个性化学习需求。碎片化学习具有互联网技术的相关优势，因此，也表现出时空零散性，智能设备多样性、便捷性以及学习信息碎片化的特征。从某种意义上来说，碎片化学习过程就是一个"从零到整"的知识构建过程。将零散的、碎片化的学习内容整合成一套相对完整的、系统的知识体系是碎片化学习的关键所在。

二、碎片化学习与数学课程教学融合的途径

（一）打造多元化的课程资源平台

关于数学课程的优质碎片化网络资源有很多，但大多出自本科高校，层次较高，难度较大，课程资源本身并不符合高职学生的学情，无法达到理想的学习使用状态。而高职类的资源大多是竞赛获奖作品，资源少且缺乏系统性。因此，为提高数学课程学习效果，帮助学生筛选有效碎片信息，快速建立课程知识体系结构，为学生打造一个多元碎片化资源平台显得尤为重要。

多元碎片化资源平台的打造包括课程网络资源库、课程微信公众号、课程手机应用App、课程QQ群以及各种数学实践项目网络资源等的建立。集学习、讨论、下载、观看、语音交互、统计数据和后台操作等多功能于一体的多元碎片化资源平台，利用现有智能媒体技术向学生传输符合学生学情的大量碎片化学习资源。以高职数学课程网络资源库为例，微课、微视频资源已经成为课程网络资源的标配，关键在于解决学生课外参与学习有效性问题。在课程网资源库中对各个碎片知识点视频设立在线测试，可以即时统计测试结果，同时结合视频有效浏览数据来掌握和了解学生学习情况，便于教师在课内推进知识系统构建学习。为简化资源使用，达到"一体多能"的效果，可在资源库中链接网络版微信，并在微信中设立公众号，常态化向学生推送和发布与数学课程教学进度相统一的信息，制作二维码供学生扫描下载知识点信息，也可即时分享网络相关课程资源碎片，以便于学生课外随时浏览学习。同时，为提高学生浏览兴趣，发布内容不应拘泥于纯数学课程的内容，也可以包括生活学习小贴士等内容。若条件允许，可以直接开发高职数学课程手机App，它除了具备上述课外在线学习的条件以外，还可用于课内教学情况统计，高效且节约时间，提高了课堂教学效率。

打造高职数学课程多元碎片化资源平台，归根结底是碎片化资源的建设。利用 Camtasia Studio 等录屏软件制作微视频，利用 Focusky 等软件制作更加生动有趣的演示文稿，以及制作微信发布和推送的信息、制作贴近生活实践的数学实验案例等，这些都需要数学课程教师团队集体协作，进行研究探讨。

（二）创建过程性教学评价体系

验证学生碎片化学习的实效性，需要通过课程教学评价来体现和反馈。而传统教育依托期中、期末两次测试来检验，往往达不到促进学生日常学习的效果，对碎片化学习缺乏必要的推动作用。因此，创建符合高职学生学情和学习特点的课程评价体系尤为重要。高职数学课程教学评价体系应体现多元性、长期性和实效性等特点。其中多元性包括以下两个方面。

①教学评价方式多元化。可以从在线阶段测试、专题测试、课内回答问题效果、课外在线提问次数、小组讨论情况、完成数学小论文情况、个人展示和参加校级以及以上数学类竞赛等方面，对学生进行综合评价。

②评价内容多元化。评价内容不再局限于对数学计算能力的评价，而增加了对数学概念的认知、数学软件的使用、数学知识迁移的能力（即实践类数学问题的解决能力，包括检索相关文献资料的能力、对数据综合分析的能力、运算能力和建立数学模型的能力等）等的评价。

长期性是指教学评价体系贯彻学期始终。在不同的时间节点进行评价，有利于帮助学生形成知识连接链条，进而"化零为整"构建知识体系。实效性是学生学习高职数学课程效果检验的标准。在教学过程中，教师通过不断检验学生学习的实效性，从而有的放矢地推动课堂教学，提高学生课外碎片化学习的效果。

第六节 开发移动学习资源

一、移动学习资源的概念

随着移动通信技术的不断完善和普及，移动学习成为当代教育研究的热点和趋势。移动学习作为第四代远程教育方式，使人们的学习方式不再受固定时间、空间的限制，在任何时间、任何地点均可实现个性化的学习。因此，开发与利用高职数学移动学习资源作为高职数学适应新的教育教学方式的有效手段，为学生营造多种可选择的学习资源环境，将有利于促进学生学习数学的积极性和主动性，对提高学生学习质量具有积极的推动作用。

移动学习是一种在移动设备帮助下的能够在任何时间、任何地点发生的学习，移动学习所使用的移动计算设备必须能够有效地呈现学习内容，并且提供教师与学习者之间的双向交流。它具有灵活简便性、学习便捷性等特点，拥有碎片化知识模块。

二、移动学习资源的设计思路和构想

（一）整体思路

高职数学是高等职业教育的一门必修的基础公共课。无论对专业课学习，还是对学生的职业生涯，数学都起到了不可或缺的积极作用。高职数学既是高等教育中的一部分，也是职业教育中的一部分，因此，在高职数学的教学中既要遵循数学在高等教育中的教学规律，也要遵循其在职业教育的教学规律，这就要求教师在解构工作、重构学习的过程中，构建完整性、严密性、理论性、实用性的高职数学知识体系，使学生在学习数学的过程中，既能接受数学的基本知识，也能为专业课学习打好基础。因此，教师应基于工作实际解决实际问题，对教学内容进行解构，以问题为导向，使案例贴近学生的专业、贴近学生以后的工作实际，重构学习，通过手机终端实现学生的移动学习。

（二）设计构想

为充分利用移动学习的优势，达到时时学习、处处学习的目的，势必要改革现有的教学模式，创建一种新的教学模式。因此，教师应从教学目标、教学内容、教学组织方式入手，实现教学模式的革新。首先，教学目标技能化，要让学生能分析和解决实际工作中的数学问题，让数学成为专业课中的基础课。其次，教学内容项目化，以问题为导向，确立每节课的教学内容，建设教学资源库。最后，教学手段信息化，通过微信公众平台，可以实现共享教学资源，从而实现媒体集成、教学交互，继而实现数学教学课堂信息化。

三、移动学习资源开发的优势

1.交互学习和资源获取的便捷

在高职数学移动学习资源环境下，不仅师生之间、学生之间的交互学习变得更加便捷，而且学习资源可实现互联、互通、共享，并实现立体化、可视化、规范化的资源配置，极大地丰富和便捷了学习资源的交互利用。

2. 可利用碎片时间学习

高职数学移动学习资源环境为学习者提供了可利用碎片时间学习的便利，使学习者可利用碎片时间摄入一个个碎片化的知识模块，并为"反嚼"所学知识提供便利和帮助。

3. 数学学习方式的灵活便捷

高职数学移动学习资源的开发与利用，可以实现师生之间在任何时间、任何地点发生交互式学习和交流，满足不同基础、不同需求学生的学习需要。

4. 满足不同心理特质学生的学习需要

传统课堂教学基本以一定的既定模式进行教学活动，其结果是有些学习者适应有些学习者不适应，有些学习者主动咨询疑难问题有些学习者羞于咨询，导致学习效果不尽如人意。移动学习能够弥补传统课堂和面对面学习中的一些不足，消除面对面交流的胆怯心理，帮助学习者获得学习和交流的机会。

5. 学生个性化学习的需要

学生的数学基础良莠不齐，促使数学教学必须分层、分类差异化地开展教育教学活动。否则，"想吃的吃不饱，不想吃的不消化"，极大地影响了教学效果。良好有效的高职数学移动学习资源开发与利用，可以满足学生个性化学习数学的需要。

四、移动学习资源的开发途径

（一）契合个性化学习需求

当今大部分学生群体，包括高职学生群体普遍对数学课本知识和枯燥的数学课堂氛围失去兴趣，却对新兴移动端设备充满兴趣和应用热情。因此结合移动学习对教学资源进行适当开发是一条可行的教学途径，这样能重新将高职学生的目光聚焦到数学课程学习上，达成教学目标。高职数学教师在开发教学资源时应着重考虑高职学生的个性化学习需求，满足高职学生对移动端的喜好需求，适当添加网络上各种丰富的数学教学资源进行教学活动。扩大高职学生接收的信息源范围不是仅局限于课本上狭窄的知识面范围，还包括促使学生在开放的移动学习空间中自主选择学习资源。高职数学教师可以根据课程进度情况对网络教学资源进行推荐，并积极引导高职学生进行网络教学选择。例如，在开发教学资源时，教师应站在高职学生这类受众群体的立场进行思考，数学教学资源是否能够契合高职学生的个性化需求。学生对移动端普遍存在浓厚的兴趣，教师可以将学生的兴趣引导到枯燥的数学课程中，活跃数学教学气氛。

（二）熟练开发数学教学资料

移动学习同时也适合应用于高职学生的评价体系。传统的高职数学评价体系仅仅片面地依靠学习成绩评定学生的综合素质，如常见的期中考试、期末考试等。这样的评价体系不够客观，对学生的综合学习成果不能实现全面评价。对高职数学评价体系进行改善，可以借助移动端的优势且综合学生的学习态度、阶段学习成果、数学学科素养等进行评定，最终得出较完善且全面的评价结果，这不仅是对高职学生的一种责任，也是对教育体系的完善。高职数学教师通过移动学习的后台记录学生的学习进度，并通过移动端上学生对数学课程的线上参与度进行实时记录，以及根据学生根据个人能力制定学习目标的达成程度进行移动端整合评定，最终能够得出较客观公正的评定结果。

移动学习的教学资源库有利于开展线上线下的混合式教学，一方面教师在教学过程更能与学生沟通交流，提高了教学效果；另一方面学生通过网络环境中的学习，处理综合信息的能力得到了较大的提升。

第七节　基于云课堂开展混合式教学

一、云课堂概述

云课堂在高职数学教学中的应用打破了传统的教学模式，是高职院校进行信息化教学改革的重要实践。云课堂的应用可有效激发学生的学习兴趣。智能手机的普及和校园网络质量的不断提升，为云课堂的实施提供了便利的条件。学生通过移动客户端的 App 即可进入云平台进行自主学习。教师可有针对性地进行课前学习任务设置，合理掌控课堂教学的节奏，引导学生讨论和探究，培养学生的自主学习能力。教师可以根据不同专业学生的特点，实施差异化教学策略，教学范例尽量与学生的专业相结合，强化数学知识的应用，这样既能激发学生的学习兴趣，又能辅助学生的专业学习。学生利用云课堂进行学习，不会受到时间和地点的限制。学生可根据自己的时间灵活掌握学习进度，还可以通过视频暂停和回放的功能加强对知识点的理解。学生在课前预习中还可以进行相应的练习，以检验自己的预习效果。教师可以根据学生的学习能力，为学生推送不同层次的学习资源，学生可以根据自身状况有选择性地进行学习，还可为不同层次的学生提供优秀的教学资源，从而全面提升学生的数学学习效果。

云课堂这一全新教学模式在数学课程中的应用，对教师和学生而言都是一种考验，所以在实施的过程中还需要不断优化和改进，进而达到最佳的教学效果。

二、云课堂在高职数学教学中运用的意义

云课堂指的是一种面向教育与培训行业的互联网服务，不需要任何硬件或者软件设施设备，只需利用网络互动直播技术，便能够实现面向全国的高质量的网络同步与异步教学及培训，属于一类能够突破时空限制的全方位互动性学习模式。

高职数学是高职阶段非常重要的一门学科。教师通过数学教学可以培养高职学生的逻辑思维能力及抽样运算能力等，进而提升自身专业技能水平。为了提高高职数学教学的效率及质量，通过构建云课堂，可发挥的积极意义体现在如下三个方面。

（一）改进传统教学模式的不足

传统教学模式下，高职数学教学仅采取常规的教学方式，即教师教学、学生听学的灌输式教学法。这种教学模式难以提高学生学习的积极性，同时教师大部分时间用于课堂授课，使得这种教学模式的效率并不高。而对于云课堂的构建，则是利用网络为媒介，教师通过收集与教学相关的网络资源，然后通过网络授课，提高学生学习的自主性及自由性，使学生不受时间和空间限制而进行学习，从而提高学习兴趣，进而提升教学效果。

（二）明确学生主体地位

云课堂的构建，更能明确学生在整个教学过程中的主体地位，即由教师扮演引导者的角色，学生利用教师布置的网络资源进行自主学习，在整个学习过程中，还培养了学生自主学习的能力，使学生在自主学习过程中，明确自身学习的优势及劣势，针对劣势及疑惑问题，加强和教师的沟通交流，进而达到弥补自身学习不足的作用，最终提升学生的学习效率。

（三）促进教师高效完成教学目标

传统教学模式下，高职数学教学的效果不够理想。而通过云课堂的构建，教师更具明确的教学目标，学生更加能够明确自身学习的目标。当师生双方都具有明确的目标后，进一步充分互动交流，则能够促进教师高效完成教学目标，进而提高高职数学整体教学质量。

三、基于云课堂的高职数学混合式教学

（一）利用云课堂做好充分的课前准备

1. 教学资源库的建设

资源库建设前，课程组教师对教学体系进行了科学的研究，课程内容的设置与专业联系密切，课程实用性较强。在专业区分的基础上，教师根据课程标准和教学大纲要求，将教学重点做了再分配，制作了多种微课视频。教学资源库的建设，为学生提供了课前预习—课堂学习—课后复习这一套完整的学习资源。这些学习资源与课堂授课内容的有机结合，提高了学生的学习积极性。

2. 课程创建

从校园网首页进入智慧校园云课堂，教务处负责开通教师账号。在计算机端新建课程后，教务处统一关联授课班级，导入各班学生的专业、姓名、学号等信息。教师根据自己的需要进行课程设计，输入课程介绍、课程标准，按授课课次进行备课，可以自主添加新资源和修改、删除现有资源（包括文档、音频、动画、PPT、微课、图片等）。学生用手机下载企业微信，从企业微信进入云课堂，教师即可与学生进行教学互动。

（二）利用云课堂丰富课堂教学资源

教学资源是教学中所有可利用资源的合集，一定程度上导引和支持着教学实践活动的展开，并影响了其质量。在以往的教学模式下，高职数学课程内容构成来源较为单一，主要依赖于教材及其他相关辅导材料，大篇幅的公示罗列，降低了学生的学习兴趣。互联网的应用打破了传统信息交互的界限，承载的资源类型丰富多样，且可通过图片、影像、视频、动画等方式呈现出来，能够对学生多重感官形成刺激，继而由此给其留下深刻影响，符合了其认知成长规律。在具体的践行过程中，高职院校要精准把握线上线下混合式教学模式的特点，充分挖掘云课堂上的优质资源，丰富数学课程构成，秉持"实用、够用"的原则，以满足学生的个性化学习需求，提高他们的参与积极性。同时，高职院校应依托云课堂，基于互联网平台的共享功能，加强与兄弟院校之间的动态交互，整合优质数学教学资源，助力校本课程开发，促进教育公平，减少重复建设现象，提高学校有限资源的利用价值。而对于线下资源的开发，则需轻理论、重素质建设，以数学教学教材为基地，结合学生认知成长规律，总结其中的重难点分布，匹配相应的线上资源，并善于从生活中截取素材，以培育学生良好的思维能力、

应用能力等。在此基础上，高职院校可不定期推介一些数学方面的软文，如建模等，并通过微信群、公众号等，锻炼学生的自主学习思维能力，促进他们相互间的交互，最大限度地满足不同层次学生的学习需求，营造浓郁的学术氛围。

（三）利用云课堂培养学生问题解决的能力

1.理论分析

高职数学教学需注重培养学生解决实际数学问题的能力，从而使高职数学教学的意义得到有效体现。而通过云课堂平台，可以利用计算机网络学习资源、技术软件，为学生解决实际数学问题提供便利，进而使实际数学问题得到有效解决。

2.实践分析

例如，在高职数学"数学模型的建立"课题当中，由教师在院校的云课堂学习网络平台布置一个数学模型建立的问题，即"某公司处于稳定发展期，连续三个10年的收入分别为11.3亿元、19.5亿元、30.6亿元，请预测下一个10年该公司的年收入额"，对于此实际数学问题，通过建模的形式加以解决。在教师的指导下，学生通过利用网络技术软件，在明确变量、收集数据的基础上，利用所收集的数据将散点图描绘出来，进一步以散点图选取合适的函数，并对函数关系式加以构建，即对变量进行回归分析，然后得出回归方程，并完成相关性检验……这个过程，可通过函数拟合功能，逐一分析采集的实验数据，使相对应的数学模型得到有效构建，从而高效完成教师布置的教学任务。这个学习过程培养了学生解决实际数学问题的能力，使云课堂教学的功效得到了充分有效的体现。

（四）利用云课堂进行教学评价和反思

云课堂在高职数学教学中的应用是我国高职教育进行深化改革的重要体现。因为起步较晚，所以在实施的过程中可能存在各种问题，但是随着教师经验的总结，会不断进行优化和调整，从而达到更好的教学效果。云课堂可充分发挥信息化的优势。通过学生在云课堂平台的签到，教师可对学生的出勤率进行监督；通过学生的在线学习时间和练习的正确率，教师可以及时掌握学生的学习状况。教师可将学生在云课堂平台中的出勤、学习时间、答题正确率、参与讨论等情况折算成相应的经验值，然后将经验值与学生的学习成绩挂钩，从而起到激励学生自主学习的作用。教师还可以对学生存在的问题进行在线答疑，及时解决学生学习过程中反馈的难题，而不再受时间和空间的限制。为了更好地发挥云课堂在数学教学中的应用，教师应该充分利用自己的专业知识，在云课堂中配备微课件、微练习、微反思、微反馈等内容，将所有的资源进行优化整合，将各个教学环节进行紧密衔接，为提升学生学习效果创造良好条件。

　　基于云课堂的混合式教学模式不仅能使学生得到更为优质的学习资源，也能帮助教师提高教学质量。教师在提升教学质量和效率的道路上，需要经过多次教学实践、总结教学经验、更新教学方案、优化教学模式。除此之外，教师还要丰富自己的知识储备，提高自身的素质，熟练运用互联网信息手段，适应现代化教学。需要注意的是，互联网教学虽然带来了很多好处，但实践中依然会遇到一些问题，如学校是否拥有支持网络教学的软硬件设备，学生在网络教学中是否利用手机聊天、打游戏，学生是否平时不完成学习任务、在期末测验之前"临时抱佛脚"等。处理好混合式教学模式下网络与课堂教学之间的关系，是高职数学教师需要继续探讨的主题。

参考文献

［1］ 裴昌萍，晏慧琴，马文素，等. 高职数学［M］. 成都：电子科技大学出版社，2017.

［2］ 李娜，熊勇，周萍. 新编高职数学［M］. 成都：四川科学技术出版社，2014.

［3］ 顾春华. 信息化环境下高职数学的教学设计与实践：以"函数连续性"的混合式课堂教学为例［J］. 中国新通信，2021，23（11）：214-216.

［4］ 李娟. 线上线下混合教学模式在高职数学课程中的探索与实践［J］. 科技视界，2021（16）：77-78.

［5］ 董尚兵. 基于职业能力培养的高职数学课程教学改革［J］. 知识窗（教师版），2021（5）：114-115.

［6］ 肖引昌. 新形势下高职数学的教育现状分析及探讨［J］. 现代职业教育，2021（22）：124-125.

［7］ 王雪. 生源多元化背景下关于高职数学素质教育的探讨［J］. 太原城市职业技术学院学报，2021（5）：58-60.

［8］ 刘丽萍. 五年制高职数学教诊改方案研究：基于职教云平台教学实践［J］. 数理化解题研究，2021（15）：6-7.

［9］ 顾毓铭. 信息化背景下高职课程网络教学的实践探索［J］. 数理化解题研究，2021（15）：10-11.

［10］ 王玉萍. 翻转课堂教学模式在高职数学教学中的应用［J］. 才智，2021（15）：80-82.

［11］ 黄燕芬. 立德树人视域下高职数学课堂社会核心价值观的教育研究［J］. 数学学习与研究，2021（15）：8-9.

［12］ 叶翼. 多媒体和网络技术支持下的高职"数学"教学模式［J］. 无线互联科技，2021，18（10）：141-142.

［13］ 秦飞. 探讨高职数学教育融入数学文化的价值［J］. 知识文库，2021（11）：88-89.

［14］ 唐嘉悦. 个性化教学活动在高职数学教学过程中的运用［J］. 山西青年，2021（10）：155-156.

［15］ 郭青青，刘李雅，胡宝丹. 面向专业需求的高职数学课程研究［J］. 科技风，2021（14）：29-31.

［16］ 费洪华. 高职数学信息化教学改革的探索与实践［J］. 教师，2021（14）：35-36.

［17］ 袁立新. 高职数学函数极限概念教学的实践与认识［J］. 数学学习与研究，2020（28）：24-26.

［18］ 苗超. 基于"互联网＋"模式下高职数学信息化教学改革研究［J］. 科技视界，2021（14）：118-119.

［19］ 王玉萍. 项目教学法在高职数学教学中的运用［J］. 大学，2021（19）：153-156.

［20］ 尤永峰. 高职导数概念教学的教学设计探讨［J］. 中学课程辅导（教师教育），2021（1）：107.

［21］ 许珂. 微课在高职数学教学中的应用［J］. 黑龙江科学，2021，12（1）：104-105.

［22］ 陈超. 现代信息技术支持下的高职数学教学创新研究［J］. 科学咨询（教育科研），2021（1）：90.

［23］ 杨爱云. 通识教育理念下高职数学建模课程的教学设计浅析［J］. 试题与研究，2021（1）：111-112.

［24］ 郭蕾. "三教"改革理念下对高职数学教学的探索与实践［J］. 科技与创新，2021（1）：87-88.

［25］ 晏素芹. Excel 在五年高职数学教学中的应用研究［J］. 电脑知识与技术，2021，17（1）：109-110.

［26］ 王宏飞. 信息技术在高职数学课程中的应用［J］. 信息记录材料，2021，22（1）：97-98.

［27］ 韦立宏. 大数据时代下的高职数学教改分析［J］. 中国新通信，2020，22（20）：180-181.

［28］ 宋艺. 课程思政背景下《高等数学》课程教学设计与实施：以"增长率的计算与比较"为例［J］. 长沙民政职业技术学院学报，2020，27（4）：105-106.

［29］ 张宇玉. 与专业需求有效对接的高职数学教学实践研究：以汽车专业数学教学为例［J］. 江西电力职业技术学院学报，2020，33（12）：41-42.